MARINE CRESSY

ICH SEHE WAS, WAS ICH NICHT KENN'

PFLANZEN UNTERWEGS ENTDECKEN UND BESTIMMEN

AUS DEM FRANZÖSISCHEN VON
CLAUDIA ARLINGHAUS

ulmer

SO FUNKTIONIERT

DER TEXT

- DER TEXT VERRÄT DIR ETWAS ÜBER DIE PFLANZE: EIN BISSCHEN BOTANIK, EINE ANEKDOTE, EIN NUTZEN UND SO WEITER ODER EINE MINI-INFO, DIE NEUGIERIG MACHT.
- AM SEITENRAND SIND SKIZZEN – FÜG DEINE EIGENEN HINZU!
- MIT DEM FARBIGEN STREIFEN AN DER KANTE KANNST DU DAS GESUCHTE KAPITEL SCHNELL FINDEN.

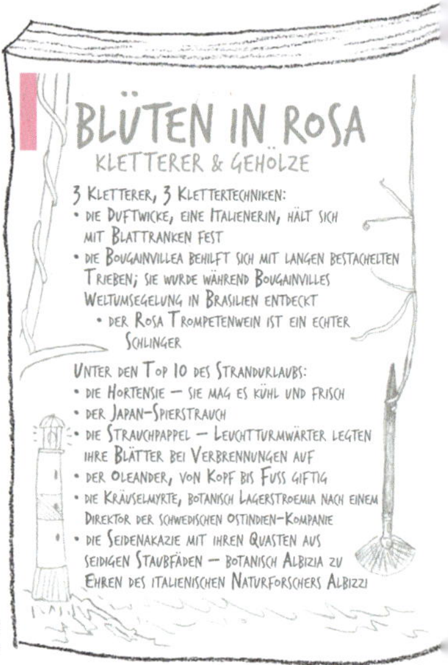

BLÜTEN IN ROSA

KLETTERER & GEHÖLZE

3 KLETTERER, 3 KLETTERTECHNIKEN:
- DIE DUFTWICKE, EINE ITALIENERIN, HÄLT SICH MIT BLATTRANKEN FEST
- DIE BOUGAINVILLEA BEHILFT SICH MIT LANGEN BESTACHELTEN TRIEBEN; SIE WURDE WÄHREND BOUGAINVILLES WELTUMSEGELUNG IN BRASILIEN ENTDECKT
- DER ROSA TROMPETENWEIN IST EIN ECHTER SCHLINGER

UNTER DEN TOP 10 DES STRANDURLAUBS:
- DIE HORTENSIE – SIE MAG ES KÜHL UND FRISCH
- DER JAPAN-SPIERSTRAUCH
- DIE STRAUCHPAPPEL – LEUCHTTURMWÄRTER LEGTEN IHRE BLÄTTER BEI VERBRENNUNGEN AUF
- DER OLEANDER, VON KOPF BIS FUSS GIFTIG
- DIE KRÄUSELMYRTE, BOTANISCH LAGERSTROEMIA NACH EINEM DIREKTOR DER SCHWEDISCHEN OSTINDIEN-KOMPANIE
- DIE SEIDENAKAZIE MIT IHREN QUASTEN AUS SEIDIGEN STAUBFÄDEN – BOTANISCH ALBIZIA ZU EHREN DES ITALIENISCHEN NATURFORSCHERS ALBIZZI

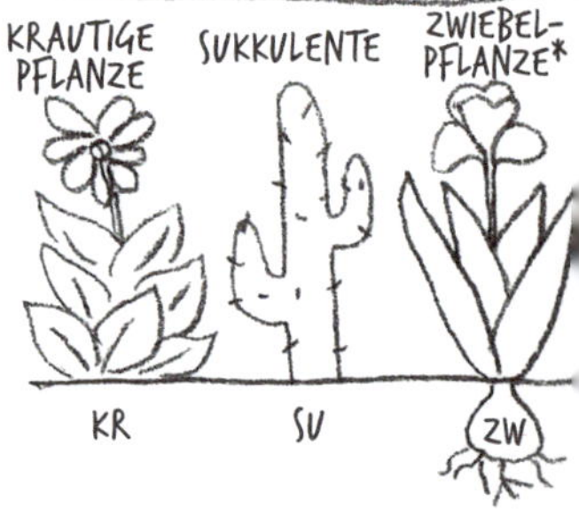

* ZWIEBELPFLANZE (ZW) STEHT STELLVERTRETEND FÜR ALLE PFLANZEN MIT SPEICHERORGANEN WIE ZWIEBEL, KNOLLE ODER RHIZOM.

Mein Buch

Die Zeichnungen

* Unter jeder Pflanze steht ihr geläufigster deutscher Name. Botanische Namen findest du am Ende des Buchs.

Kleine bunte Quadrate zeigen die Hauptfarbe(n) an.

M Diese Pflanze gibt es in einem ganzen Farb-Mix.

Wenn du eine Pflanze zum ersten Mal entdeckst, streichst du das Kästchen ab.

Und wenn du sie sicher erkennst und benennen kannst, machst du daraus ein Kreuzchen.

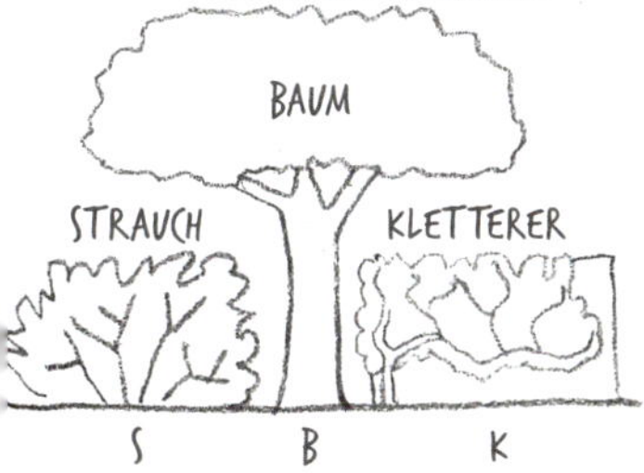

Die Abkürzungen (links) verraten die Wuchsform

WELCHE PFLANZEN

AUS TAUSENDEN BEWERBUNGEN HABEN ES 460 IN DIESE MINI-FLORA GESCHAFFT. NACH SORGFÄLTIGER AUSWAHL BEKAMEN DIE PFLANZEN EINES VON ZWEI PRÄDIKATEN:

FINDEST DU HIER?

BEMERKENSWERT

SIE ZIEHEN ALLE BLICKE AUF SICH ...

- MIT IHREN BLÜTEN – GROSS, BUNT, DUFTEND ODER ZAHLREICH
- MIT IHREN FRÜCHTEN – BUNTE BEEREN, BAUMELNDE SCHOTEN, LECKERES OBST
- MIT IHREN BLÄTTERN – IMMERGRÜN ODER BLAUGRAU ODER IM HERBST SOGAR KNALLBUNT

INH

UND NACH JEDER JAHRESZEI

ALT

EINE KLEINE ÜBERRASCHUNG!

Die perfekte Zeit, um sich ganz in Ruhe draussen umzuschauen … Selbst im Winter finden sich hier und dort Blümchen. Manche kennen einfach keine Jahreszeit, manche spriessen aus **ZWIEBELN** im Unterholz, andere kitzeln die Frostnase mit ihrem Duft, und wieder andere wetteifern um den Titel „zeitigster Frühblüher“ … Doch es gibt noch mehr zu entdecken:

WIN

- Kugelrunde bunte **Beeren**, über die sich die Vögel freuen
- **Schoten, Kapseln** und andere schützende **Samenhüllen**
- **Baumrinde**, vom Licht der Wintersonne

TER

besonders schön hervorgehoben.

Wenn nach dem Laubfall die meisten Gehölze kahl dastehen, ind die wenigen Immergrünen unübersehbar:

- **Nadelgehölze** (längst nicht nur Tannen)
- **Immergrüne Laubgehölze**
- kostbare **Zitrusgewächse**.

Handschuhe, Schal, Mini-Flora: Los geht's

BLÜTEN IN BLAU & VIOLETT

BLAUE BLÜTEN MUSST DU IM WINTER UNTEN AM BODEN SUCHEN, NUR DER ROSMARIN KOMMT DEINER NASE ENTGEGEN:

- DAS ELEGANTE VEILCHEN, NACH DEM EIN BLAU-TON BENANNT IST; DEN WINZIGEN, BEZAUBERNDEN PERSISCHEN EHRENPREIS
- DAS BODENDECKENDE IMMERGRÜN, DAS VOR LANGER ZEIT AUS DEN KLOSTER- UND BURGGÄRTEN AUSGEBÜXT IST
- DAS LEBERBLÜMCHEN, DESSEN GEBUCHTETE, RÖTLICHE BLÄTTER AN LEBER ERINNERN

DU FINDEST AUCH ZWIEBELBLUMEN – NEBEN KROKUSSEN SIND DIES:

- DER HONIGDUFTENDE FRÜHLINGSSTERN
- DER SCHNEESTOLZ
- DER BLAUSTERN UND DIE NAH VERWANDTE HYAZINTHE: ZWEI GRIECHISCHE GÖTTER, ZEPHYR UND APOLL, WAREN IN DEN SCHÖNEN HYAKINTHOS VERLIEBT. IHRE EIFERSUCHT WURDE DEM JÜNGLING ZUM VERHÄNGNIS: DER EINE TÖTETE IHN, DER ANDERE MACHTE IHN ALS BLUME UNSTERBLICH …

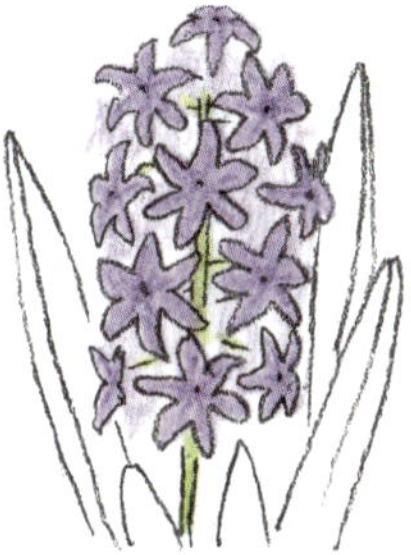

M HYAZINTHE ZW

KROKUS ZW

VEILCHEN KR

LEBERBLÜMCHEN KR

IMMERGRÜN KR

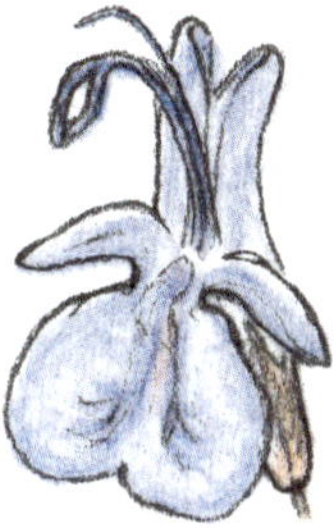

ROSMARIN S

PERSISCHER EHRENPREIS KR

FRÜHLINGSSTERN ZW

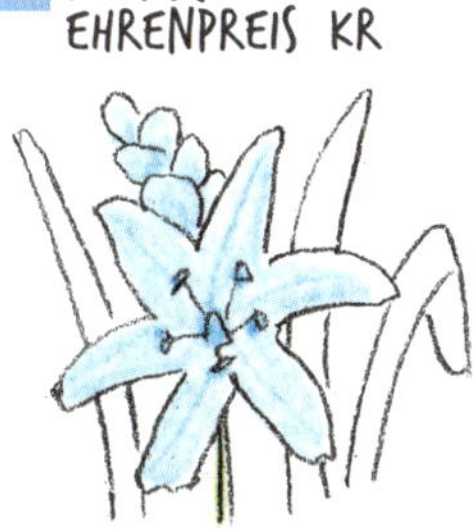

BLAUSTERN ZW

SCHNEESTOLZ ZW

Blüten in Rosa

Unsere Stars aus Asien:

- die Kamelie war die Blume der Samurai, denn ihre Blütenköpfe fallen im Ganzen zu Boden, wie abgeschlagen
- die frühen japanischen Zierkirschen, in ihrer Heimat Mittelpunkt des Kirschblütenfests
- die kleine Zierquitte
- die Tulpen-Magnolie – ein ehemaliger Soldat Napoleons erzielte 1820 diese laubabwerfende Kreuzung zweier chinesischer Arten

Überwältigender Duft:

- der Duft-Schneeball, auch Winter-Schneeball genannt
- die Skimmie verströmt Orangenblüten- und Vanilleduft, sobald sich ihre rosa Knospen öffnen

Zu guter Letzt:

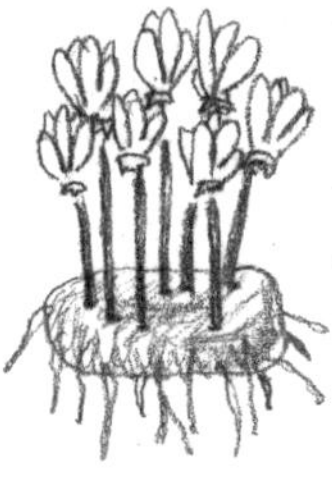

- das Alpenveilchen, dessen große Knolle im Volksmund „Saubrot" heißt
- die in dichten Kissen wachsende Heide
- die Lenzrose mit oft lebhaft gepunkteten Blüten
- die Macchien-Waldrebe

ZIERKIRSCHE B

ZIERQUITTE S

KAMELIE S

DUFT-SCHNEEBALL S

LENZROSE KR

MACCHIEN-
WALDREBE K

SKIMMIE S

TULPEN-
MAGNOLIE B

HEIDE S

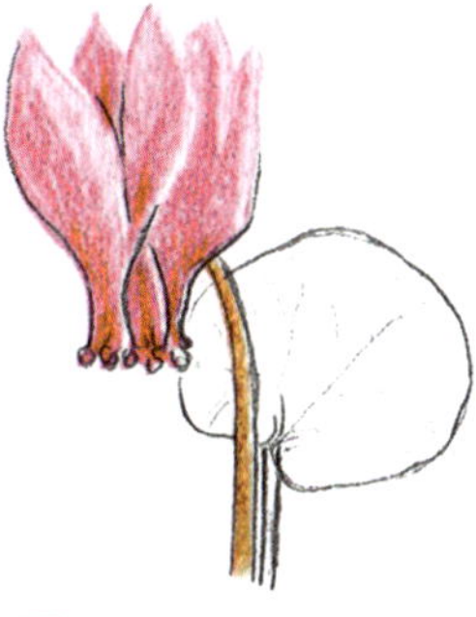

ALPENVEILCHEN ZW

Blüten in Gelb

Die Silber-Akazie brachte Kapitän James Cook 1771 aus Australien mit. Sie schmückt sich schon früh mit gelben Pompons.

- der Winter-Jasmin blüht an grünen, blattlosen Zweigen
- die Zaubernuss entrollt ihre Blüten sogar bei Frost
- die Scheinhasel ist mit der Zaubernuss verwandt
- die Kornelkirsche lockt frühe Bienen, ihr Holz ist hart und biegsam
- die Forsythie blüht unübersehbar
- das Blatt der Mahonie ähnelt dem der Stechpalme
- Winterling und Scharbockskraut setzen im Spätwinter goldene Lichter
- die Kissen-Primel blüht bis in den April hinein
- die Narzisse hat ein mythologisches Vorbild: Als der Jüngling Narziss die Quellnymphe Echo abwies, belegte sie ihn mit einem Fluch, sodass er sich unsterblich in sein Spiegelbild verliebte …

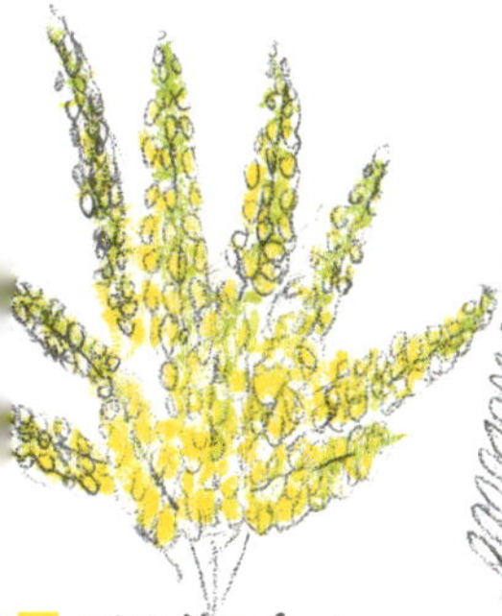

MAHONIE S

SILBER-AKAZIE B

WINTER-JASMIN K

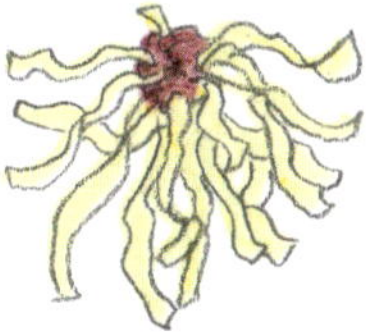

ZAUBERNUSS S

KISSENPRIMEL KR

FORSYTHIE S

KORNELKIRSCHE B

WINTERLING ZW

SCHEINHASEL S

NARZISSE ZW

SCHARBOCKS-
KRAUT KR

BLÜTEN IN WEISS

Bitte einmal tief einatmen, weisse Winterblüten sind ein Genuss!

- die Winter-Heckenkirsche trägt den Beinamen „fragrantissima" – duftstark
- die Duftblüte erinnert an Jasmin, sie wird für Parfums verwendet
- die Immergrüne Waldrebe duftet nach Orangenblüten und Vanille
- zurückhaltender ist der Lorbeer-Schneeball
- die essbaren Mandelblüten duften zart und frisch. Ihre Farbe – weiss oder rosa – verrät nicht, ob der Mandelkern später bitter ist

- der Seidelbast ist botanisch nach der hübschen Nymphe Daphne benannt, die der Gott Apoll in einen Blütenstrauch verwandelte: das Ende einer komplizierten Liebe …
- die Gänsekresse ist zweijährig: im ersten Jahr entsteht die Pflanze, im zweiten blüht und stirbt sie

Und dann noch die Zwiebeln:

- Schneeglöcken und Märzenbecher blühen fast gleichzeitig

SEIDELBAST S

MANDELBAUM B

LORBEER-SCHNEEBALL S

DUFTBLÜTE S

IMMERGRÜNE WALDREBE K

WINTER-HECKEN-KIRSCHE S

CHNEEGLÖCKCHEN ZW

GÄNSEKRESSE KR

MÄRZENBECHER ZW

KÄTZCHEN BLÜTEN IN GRÜN

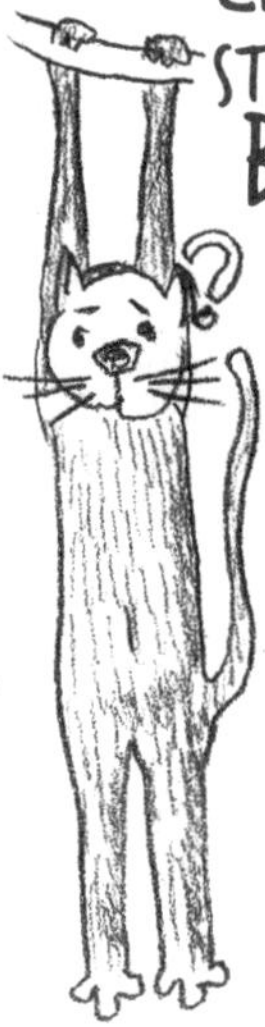

EIN SELTSAMER NAME FÜR EINEN BLÜTENSTAND ... KÄTZCHEN SIND AUS VIELEN WINZIGEN BLÜTEN ZUSAMMENGESETZT. MÄNNLICHE KÄTZCHEN ÜBERGEBEN IHREN BLÜTENSTAUB DEM WIND.

- AN DER SAL-WEIDE UND AM HASELSTRAUCH, AM KÄLTEEMPFINDLICHEN BECHERKÄTZCHEN UND AM PERLSCHWEIF BLÜHEN SIE SCHON MITTEN IM WINTER
- ES FOLGT DIE SCHWARZERLE, ZU ERKENNEN AN DEN KLEINEN, SCHWARZEN, VERHOLZTEN ZAPFEN VOM VORJAHR. DANN KOMMEN BIRKE, WALNUSS UND HAINBUCHE
- DIE PAPPEL BEMERKEN WIR, WENN IHRE WOLLIGEN SAMEN DURCH DIE LUFT TREIBEN – SOMMERSCHNEE!

PERFEKT TON IN TON

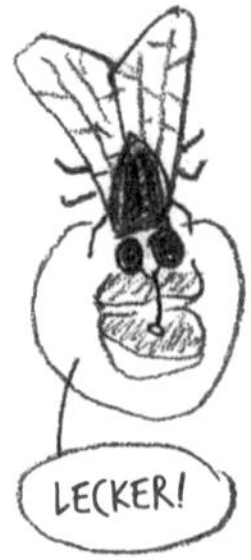

- DIE STINKENDE NIESWURZ UND DIE PALISADEN-WOLFSMILCH BLÜHEN GRÜN:
- DIE NIESWURZ ZIEHT HUMMELN UND PELZBIENEN AN
- AUCH DIE WOLFSMILCH LOCKT INSEKTEN MIT NEKTAR UND WIRD BESTÄUBT. ABER WEHE, SIE WIRD VERLETZT! DANN QUILLT ÄTZENDER MILCHSAFT HERVOR

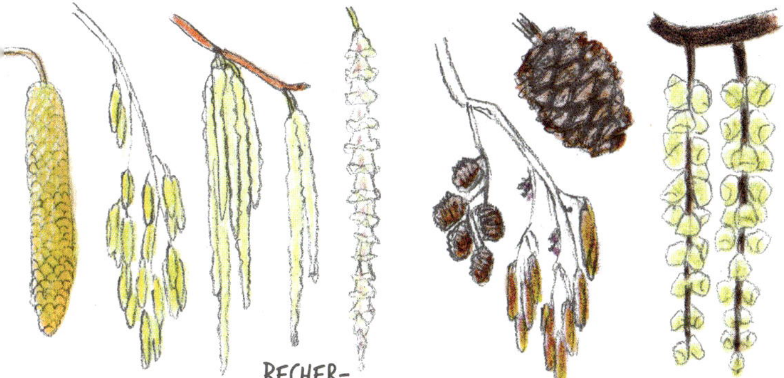

HASELSTRAUCH S
BECHER-KÄTZCHEN B
ERLE B
PERLSCHWEIF S

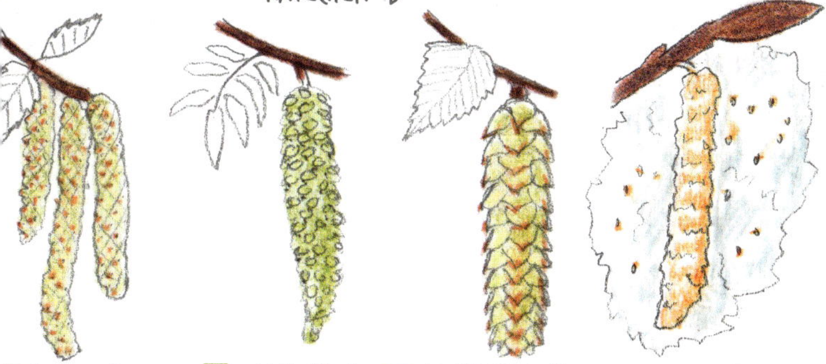

BIRKE B
WALNUSS B
HAINBUCHE B
PAPPEL B

SAL-WEIDE B
STINKENDE NIESWURZ KR
PALISADEN-WOLFSMILCH KR

BEEREN IN ROT

WINTERFUTTER FÜRS GETIER

ROTE BEEREN ZIEREN DEN WINTER, WOHIN MAN NUR SCHAUT. VOR IMMERGRÜNEM LAUB ODER WEISSEM SCHNEE FALLEN SIE BESONDERS AUF. AUCH VÖGEL UND KLEINE WILDTIERE KÖNNEN SIE GUT FINDEN – ERST SCHNABULIEREN SIE DIE FLEISCHIGEN BEEREN, DANN REVANCHIEREN SIE SICH, INDEM SIE ÜBER IHRE AUSSCHEIDUNGEN DIE SAMEN DER PFLANZE VERBREITEN. MIT STACHELN UND IMMERGRÜNEM DICHTEM LAUB AUSGESTATTETE BEERENBÜSCHE BIETEN ZUGLEICH EIN GUTES VERSTECK.

ACHTUNG: FINGER WEG!

DIE MEISTEN BEEREN SIND GIFTIG FÜR UNS MENSCHEN. VON DIESER REGEL GIBT ES EIN PAAR GENIESSBARE AUSNAHMEN: (GEKOCHT VERARBEITETE) VOGELBEEREN, WEISSDORNFRÜCHTE ODER ZIERÄPFEL SOWIE HAGEBUTTEN, DIE FRÜCHTE DES ROSENSTRAUCHS, DIE KINDER AUCH GERN ALS JUCKPULVER VERWENDEN.

SKIMMIE S

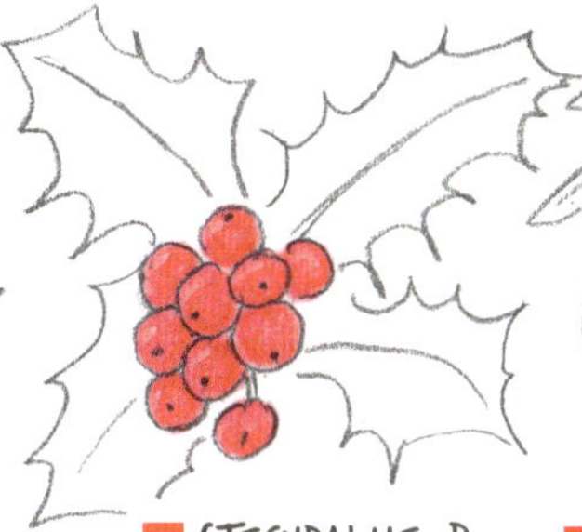

STECHPALME B

HIMMELS-BAMBUS S

FEUERDORN S

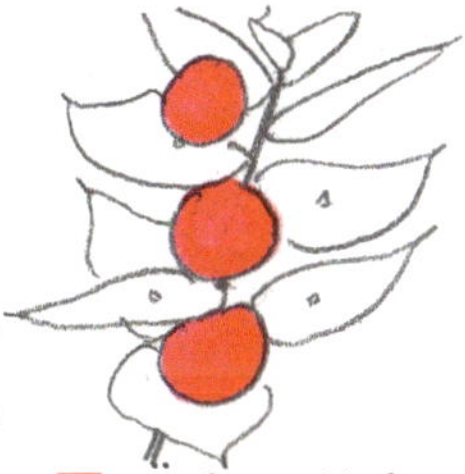

MÄUSEDORN S

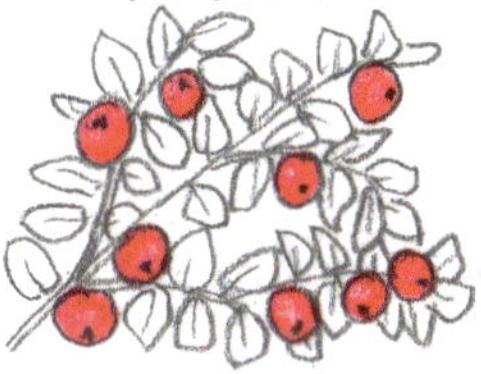

KRIECHSPINDEL S

ROSE S

AUKUBE S

BERBERITZE S

WEISSDORN B

VOGELBEERE B

ZIERAPFEL B

Beeren in Schwarz, Lila, Orange & Weiss

Vögel zeigen im Winter interessante Vorlieben: Im Herbst wählen sie die Beeren mit dem höchsten Nährwert. Gegen Winterende fressen sie alles, was noch übrig ist, sogar die eher trockenen Efeufrüchte.

Besonders auffällig sind:

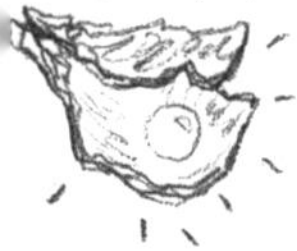

- die quietschlila Beeren am Liebesperlenstrauch, der auch Schönfrucht heisst
- die orange leuchtenden Samen am Pfaffenhütchen – sie sitzen in rosa Fruchtkapseln, die wie das Birett katholischer Geistlicher geformt sind
- der seltsame, wie durchbohrt wirkende Steinkern des Zedrachbaums steckt in einer gelblichen Hülle
- weiss leuchten die Schneebeeren oder „Knallerbsen" – ein Spass beim Winterspaziergang im Park
- die weisse Mistelbeere enthält einen Klebstoff, mit dem der Samen an den Zweigen des Wirtsbaums haftet

EFEU K

LIGUSTER S

LORBEER-SCHNEEBALL S

MAHONIE S

PFAFFENHÜTCHEN S

ZEDRACHBAUM B

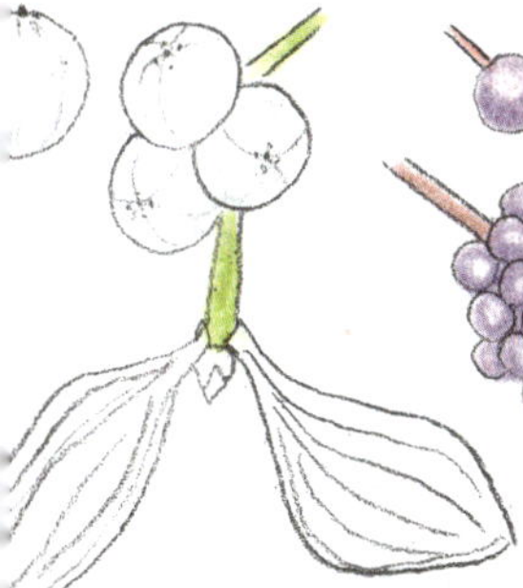

MISTEL KR

LIEBESPERLENSTRAUCH S

SCHNEEBEERE S

ZITRUSFRÜCHTE

DIE MEISTEN ZITRUSGEWÄCHSE, DIE UNSERE (WINTER-)GÄRTEN SCHMÜCKEN, STAMMEN VON VIER ASIATISCHEN ARTEN AB:

- DER ZITRONENBAUM WURDE SCHON IN DER ANTIKE IM MITTELMEER-RAUM GEPFLANZT
- ORANGEN- UND PAMPELMUSENBÄUME GELANGTEN ERST IM ZEITALTER DER ENTDECKUNGEN NACH EUROPA: IM 15. BIS 17. JAHRHUNDERT
- IM 19. JAHRHUNDERT KAM DIE MANDARINE HINZU. EIN PATER NAMENS CLÉMENT, DER IN ALGIER DIE BAUMSCHULE EINES WAISENHAUSES FÜHRTE, KREUZTE SIE CIRCA 1890 MIT EINER SÜSS-ORANGE – SEITDEM GIBT ES AUCH DIE CLEMENTINE

AUCH DIE KAKIPFLAUME TRÄGT ORANGE LEUCH-TENDE FRÜCHTE, ABER SIE GEHÖRT ZU EINER ANDEREN FAMILIE. IHRE FRÜCHTE LASSEN WIR IM HERBST SO LANGE AM BAUM, BIS UBERREIFE UND FROST SIE GENIESSBAR MACHEN.

KUMQUAT S

CLEMENTINENBAUM B
MANDARINENBAUM

ORANGENBAUM B

ZITRONENBAUM B

PAMPELMUSENBAUM B

Schoten & Kapseln

& andere Samenstände

Im kahlen Wintergeäst sind trockene Samenhüllen gut zu erkennen. Sie schützen die Saat bis zum Frühjahr und verraten, um welche Pflanze es sich handelt:

- Kapseln haben: aufgeblasene, papierartige die Blasenesche, spitze holzige der Blauglockenbaum, superlange bohnenartige der Trompetenbaum, stachelige der Stechapfel
- Schoten haben: schwarze verdrehte die Gleditschi (die gerösteten Samen taugen als Kaffee-Ersatz), weniger auffällige die Robinie
- Samenkugeln baumeln an Platane und Amberbaum
- eine papierartige Hülle umgibt die Frucht der Andenbeere, der Fruchtstand des Brandkraut liegt dicht um den Stängel
- die Innenseite der Schötchen vom Silberblatt schimmert wie Perlmutt, darum heisst es auch „Silbertaler“

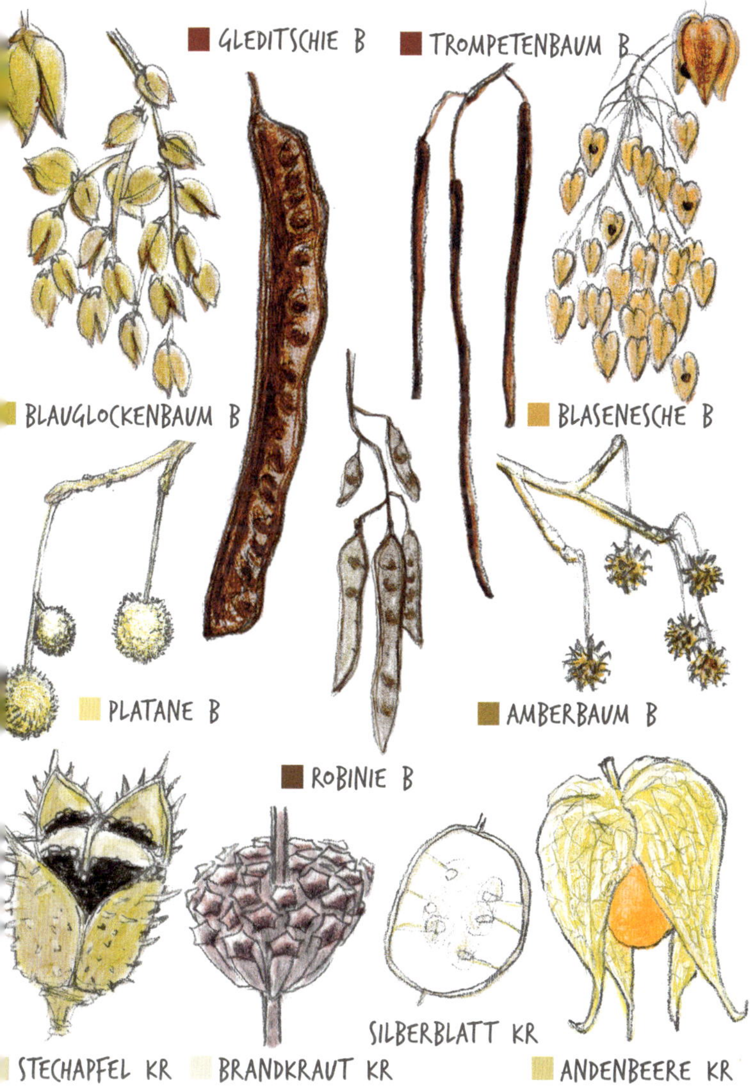
GLEDITSCHIE B
TROMPETENBAUM B
BLAUGLOCKENBAUM B
BLASENESCHE B
PLATANE B
AMBERBAUM B
ROBINIE B
SILBERBLATT KR
STECHAPFEL KR
BRANDKRAUT KR
ANDENBEERE KR

IMMERGRÜNES LAUB

MANCHES LAUB IST WINTERFEST – DAS ERREICHT ES MIT VERSCHIEDENEN TRICKS:

- MIT DER FORM: KEINE RAFFINIERTEN RÄNDER – STATTDESSEN SCHLICHT EI- ODER MANDELFÖRMIG
- MIT DER TEXTUR: FEST, SCHMAL, DAZU MÖGLICHST GLÄNZEND ODER LEDRIG – SCHLAFFIS SIND CHANCENLOS!
- MIT DER FARBE: KEIN HELLES GRÜN, STATTDESSEN MÖGLICHST DUNKEL, UM WÄRME EINZUFANGEN
- MIT DEM SAFT: BEI FALLENDEN TEMPERATUREN HILFT EINDICKEN MIT FROSTSCHUTZMITTELN WIE ZUCKER, KALIUM UND ANDEREN
- ZUM SCHLUSS: JETZT HEISST ES DURCHHALTEN, BIS MITTE MAI DIE EISHEILIGEN VORBEI SIND!

OLIVE B
ORANGEN-
BLUME S
STEIN-
EICHE B
OLEANDER S
BUCHS S
LORBEER B
IMMERGRÜNE
MAGNOLIE B
EUKALYPTUS B
WOLLMISPEL B

Nadelgehölze

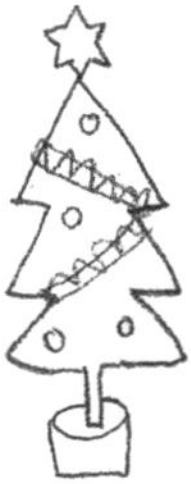

Fangen wir mit den „Weihnachtsbäumen" an – da streiten sich um den ersten Platz:

- die Fichte – piksende Nadeln und hängende Zapfen
- die Nordmanntanne – abgerundete Nadelspitzen und aufrechte Zapfen

Mehrere Nadelgehölze verraten sich sofort durch ihre Gestalt:

- die schlank aufragende Säulenzypresse
- die in Stufen aufgebaute Zeder
- die sehr künstlich wirkende Araukarie
- der Mammutbaum mit seinem gewaltigen Stamm

Eibe und Wacholder erkennen wir an ihren beerenartigen Zapfen.

Lebensbaum oder Leylandzypresse – um diese beiden Heckenkoniferen auseinanderzuhalten, braucht man wohl ein Diplom. Dagegen kannst du die Sumpfzypresse sofort erkennen: Wurzelknie machen den Baum standfest, und im Herbst wirft er sein Laub ab.

WACHOLDER S
NORDMANN-TANNE B
FICHTE B
EIBE B
LEYLANDZYPRESSE S
LEBENSBAUM S
SÄULEN-ZYPRESSE B
ZEDER B
ARAUKARIE B
MAMMUT-BAUM B

Rinden

Kaum stehen die Bäume nackt da, rückt ihre Rinde in den Mittelpunkt:

- die Platane ist gescheckt wie das Flecktarn der Soldatenuniform
- die Rinde des Eukalyptus löst sich in langen senkrechten Streifen ab
- bei Birke und Mahagoni-Kirsche schält sie sich papierdünn waagerecht los
- rautenförmige Korkwarzen übersäen die Rinde der Silberpappel
- rote Pigmente schützen die Zweige des Roten Hartriegels vor Sonnenbrand
- der schmerzstillende Wirkstoff in Weiden-rinde ähnelt Aspirin
- wozu die Korkleisten der Korkspindel dienen, wissen wir nicht
- die dicke Rinde der Korkeiche schützt den Baum bei Feuer und liefert uns Korken für Weinflaschen

PLATANE B

WEIDE S

BIRKE B

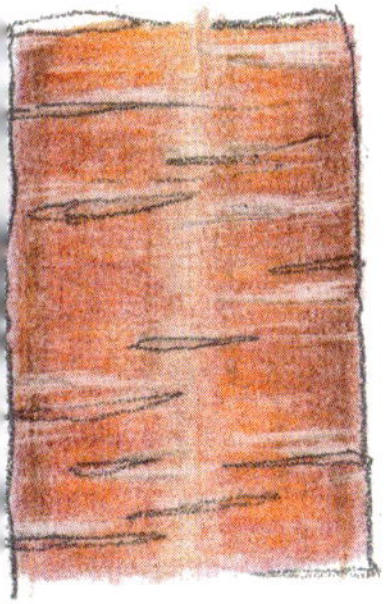

MAHAGONI-
KIRSCHE B

ROTER HARTRIEGEL S

PAPPEL B

EUKALYPTUS B

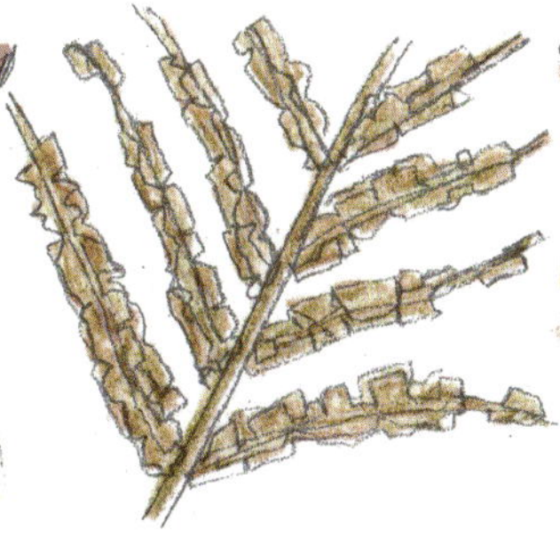

KORKSPINDEL S

KORK-EICHE B

WIE ICH ES BEINAH NICHT GESCHAFFT HÄTTE, DIE PFLANZEN-NAMEN ZU LERNEN

* EIN VIELVERSPRECHENDER ANFANG

Schon als kleines Mädchen kannte ich Rosen aus dem Märchen und Eichen vom Waldspaziergang, ich hüpfte um die ersten Osterglocken im Park, bekleckerte mein T-Shirt mit Kirschsaft und bestaunte beim Urlaub im Süden die Oleanderbüsche. Dieses Pflanzen-ABC ist wohl den meisten geläufig. Ich wette, auch ihr schafft es, dreißig oder mehr Pflanzen mit Namen zu nennen.

☑ ROSE

☑ OLEANDER

☑ KIRSCHE

☑ BRENN-
NESSEL

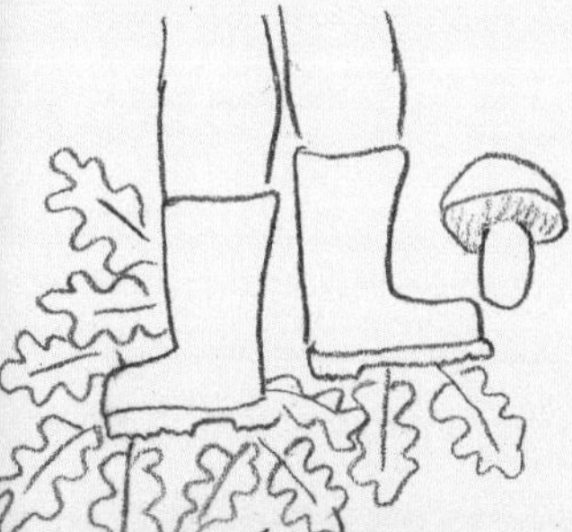

☑ EICHE

☑ OSTERGLOCKE

✳ DANN ABER: DAS GRÜNE EINERLEI

IN DER SCHULE WAR DANN SCHLUSS MIT DEM PFLANZEN-BEGUCKEN. ICH LERNTE ALLES, WAS MAN ÜBER DIE PHOTOSYNTHESE LERNEN KANN – ABER IM KLASSEN-ZIMMER. ZUSAMMEN NACH DRAUSSEN, UM CHLORO-PHYLL-PRODUZENTEN ZU IDENTIFIZIEREN? KEINE CHANCE. PFLANZEN WAREN BALD NUR NOCH GRÜNE DEKO – GRÜNZEUG ENTLANG MEINER LIEBLINGSBOULEVARDS. VIER WÖRTER REICHTEN DAFÜR AUS:

DAS WFF*-TRAUMA

MIT 20 FING ICH AN ZU STUDIEREN, UND ZWAR AN DER BERÜHMTEN HOCHSCHULE FÜR GARTENBAU UND LANDSCHAFTSARCHITEKTUR IN VERSAILLES. MAN REICHTE MIR EINE FLORA, DICK WIE EIN TELEFONBUCH. DARIN GIBT ES EINEN BESTIMMUNGSSCHLÜSSEL, DER THEORETISCH ZU EINER ABBILDUNG MIT GENAU DER GESUCHTEN PFLANZE FÜHRT. IN SCHWARZ/WEISS, WOHLGEMERKT.
ALLERDINGS SAGTEN MIR DIE GANZEN BOTANISCHEN FACHBEGRIFFE SO REIN GAR NICHTS ...

* RAMEAU ET AL., DIE WALD-FLORA FRANKREICHS

DAS HAPPY END :)

ABER ICH HABE ES GESCHAFFT! ICH HABE MICH DURCH DAS LABYRINTH DER PFLANZENNAMEN GEKÄMPFT! UND MIT MEINER MINI-FLORA WILL ICH ES DIR JETZT LEICHTER MACHEN.

Ich hoffe, es ist dir warm ums Herz, denn es ist Frühling, und überall grünt und blüht es! Eilig öffnen die kleinen **Waldblumen** ihre Knospen, und **Farne** entrollen ihre schicken Wedel.

Alles schmückt sich mit weissen oder rosa Blüten: duftende Sträucher, die Zweige der Obstbäume, die Büsche, deren Beeren du jetzt schon kennst. In den Gärten spriesst es und die Hecken tragen wieder Laub.

FRÜH

IAT DICH DER EHRGEIZ GEPACKT? DANN NÖPF DIR PFLANZENFAMILIEN VOR, UM DIE NDERE ANFÄNGER EINEN GROSSEN BOGEN MACHEN:

DIE „LÖWENZÄHNE" – LAUTER GELBE KORBBLÜTENGEWÄCHSE

ING

- DIE „DISTEL"BLÜTEN – PIEKSIGE VIOLETTE NATURKINDER
- DIE „WILDEN MÖHREN" – DIVERSE WEISS BLÜHENDE DOLDENGEWÄCHSE

DIE „MARGERITEN"BLÜTEN – LIEBT MICH, LIEBT MICH NICHT, LIEBT MICH ...

PETUNIEN & CO. – HERRLICH BUNTE BALKONBLUMEN

BLÜTEN IN BLAU

ZWEI GRAULAUBIGE STRÄUCHER, DIE NORDAMERIKANISCHE SÄCKELBLUME UND DER STRAUCHIGE GAMANDER AUS DEM MITTELMEERRAUM, DAZU VERSCHIEDENE KRAUTIGE PFLANZEN:

- DIE JUNGFER-IM-GRÜNEN MIT LUSTIGEN SAMENKAPSELN UN HAARFEINEN BLÄTTERN, DAHER AUCH „VENUS-IN-HAAREN“
- DER HOCHGIFTIGE RITTERSPORN – SEIN NAME IST PROGRAM

MANCHE BEVORZUGEN SCHATTEN:

- DAS VERGISSMEINNICHT, BENANNT NACH DEM LETZTEN AUSRUF EINES RITTERS IN SCHWERER RÜSTUNG, DER BEIM BLÜMCHENPFLÜCKEN IN DEN FLUSS STÜRZTE
- DAS KAUKASUSVERGISSMEINNICHT MIT RIESIGEN BLÄTTERN, OFT SILBRIG WIE BEIM LUNGENKRAUT
- DER KRIECHENDE GÜNSEL, BEI BIENEN UND HUMMELN BELIEBT

SCHLIESSLICH DIE MINIS:

- DIE TRAUBENHYAZINTHE MIT IHREN GIFTIGEN ZWIEBELCHEN
- DAS BLAUKISSEN AUBRIETA, DAS EINEN PFLANZENMALER EHR

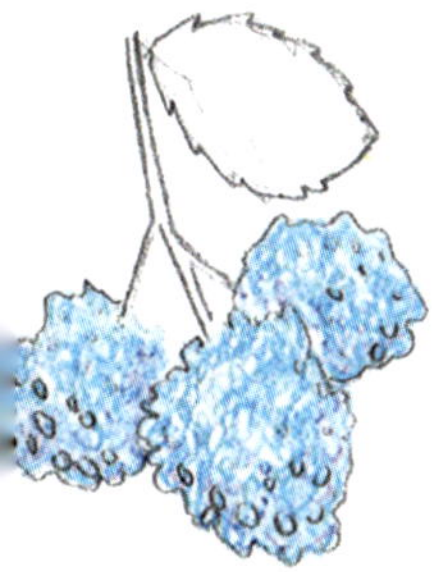

SÄCKELBLUME S

JUNGFER-IM-GRÜNEN KR

STRAUCHIGER GAMANDER S

RITTERSPORN KR

TRAUBEN-HYAZINTHE ZW

GÜNSEL KR

LUNGENKRAUT KR

KAUKASUSVERGISS-MEINNICHT KR

BLAUKISSEN KR

VERGISSMEINNICHT KR

Blüten in Violett

Gehen in die Senkrechte:

- der Blauregen, an dem alles giftig ist – nur nicht die Blüten, die sind lecker in Krapfen
- das Zimbelkraut, das gern alte Mauern erklimmt

Die schönen Asiatinnen:

- die Akebia mit ihren essbaren Früchten, gilt in Japa als Heilpflanze
- der Blauglockenbaum, der in China auf tausenderlei Art genutzt wird

Die mit den interessanten Namen:

- Salbei leitet sich vom lateinischen salvare – retten ab
- Kaiserglocken, Narrenkappen, Elfenschuh – die Akelei kennt zahllose sprechende Namen
- die Iris heisst wie die griechische Göttin des Regenbogens
- der Zierlauch blüht wie ein im Gemüsebeet vergessene Lauch, nur schöner
- dem Flieder frisst der Dickmaulrüssler halbrunde Löcher in die Blattränder, wie der „Kartenabknipser von Lilas" im Liebeslied von Serge Gainsbourg

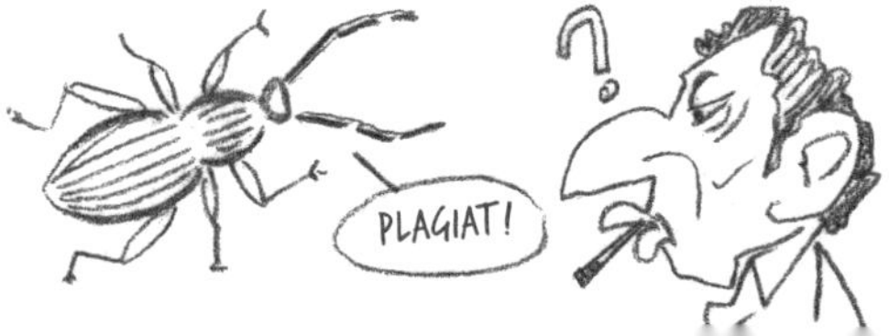

ZIMBELKRAUT KR

BLAUREGEN K

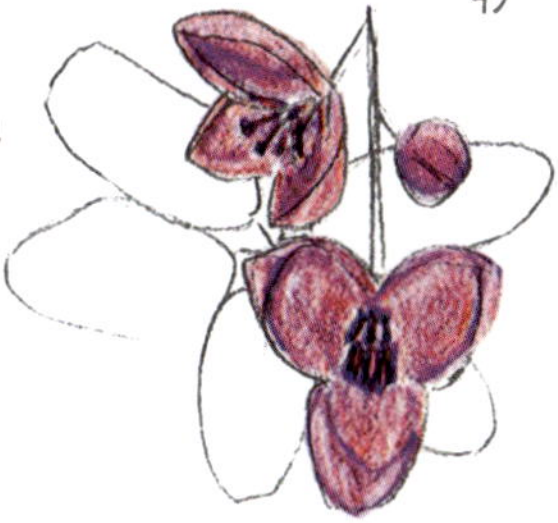

AKEBIA K

FLIEDER S

BLAUGLOCKENBAUM B

ECHTER SALBEI KR

M IRIS ZW

ZIERLAUCH ZW

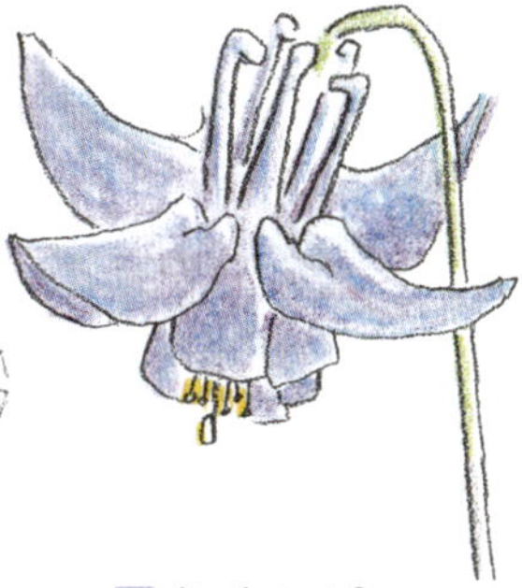

M AKELEI KR

„DISTEL“ BLÜTEN

AUF, AUF, DIE HANDSCHUHE ÜBERGESTREIFT UND RAN AN DIE STACHELGESELLEN MIT DEN LILA BLÜTEN. KRATZDISTELN (CIRSIUM) UND RINGDISTELN (CARDUUS) SIND WEIT VERBREITET UND SCHWER ZU UNTERSCHEIDEN.

EINFACHER IST ES IM GARTENBEET:

- BLAUE BLÜTENKUGELN VERRATEN DIE KUGELDISTEL
- DIE ARTISCHOCKE ENTWICKELT GIGANTISCHE BLÜTEN, WENN MAN SIE NUR LÄSST
- DIE EDELDISTEL TRÄGT EINEN ELEGANTEN STACHELKRAGEN

NUN NOCH DIE GIGANTEN:

- DIE MARIENDISTEL MIT SILBERN MARMORIERTEM LAUB
- DIE KARDE, DIE REGENWASSER IN DEN BLATTACHSELN SAMMELT
- DIE ESELSDISTEL MIT DORNIG GEFLÜGELTEN, FILZIGEN STÄNGELN
- DIE GROSSE KLETTE, DIE MIT IHREN HAKEN DAS KLETTBAND INSPIRIERTE

UND ZUM SCHLUSS DIE FLOCKENBLUMEN, MEIST STACHELLOS UND MIT EINFACHEN LANZETTLICHEN BLÄTTERN.

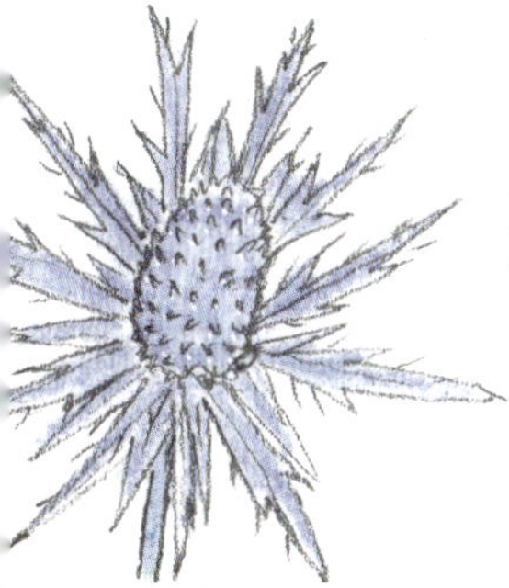
EDELDISTEL KR

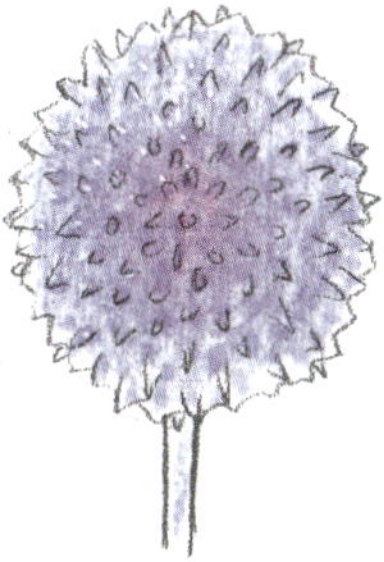
KUGELDISTEL KR

ARTISCHOCKE KR

MARIENDISTEL KR

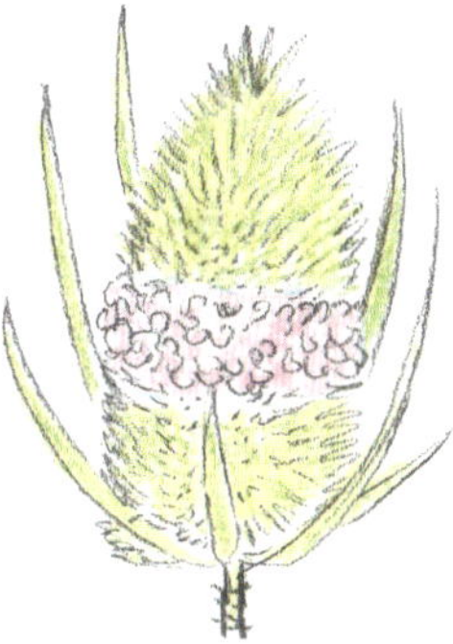
KARDE KR

ESELSDISTEL KR

KRATZDISTEL KR

SCHWARZE FLOCKEN-
BLUME KR

GROSSE KLETTE KR

BALKONBLUMEN

HERRLICH ALTMODISCHE BLUMEN – SCHON BEIM KLANG DER NAMEN HABE ICH OMAS TERRASSENKÜBEL VOR AUGEN. RÜMPF BLOSS NICHT DIE NASE: DAS HIER IST UNVERZICHTBARES GRUNDWISSEN!

KUNTERBUNTE FARBENPRACHT GARANTIEREN:

- PETUNIEN, SURFINIEN (= HÄNGE-PETUNIEN) UND DAZU IHRE MINIATUR-VERSION, DIE ZAUBERGLÖCKCHEN (EINE VÖLLIG ANDERE ART)
- DIE ZUCHTFORMEN DER VERBENEN
- STIEFMÜTTERCHEN, UNVERZICHTBAR FÜR PARKANLAGEN

ETWAS WENIGER BUNT SIND:

- DIE GERANIEN, DIE EIGENTLICH PELARGONIEN HEISSEN
- DIE STORCHSCHNÄBEL (GERANIUM), DIE EIGENTLICH LIEBER IM ERDBODEN WACHSEN
- DIE BEGONIEN, AUS GUTEM GRUND AUCH SCHIEFBLATT GENANNT, MIT SCHÖNEN ORANGE-ROTEN BLÜTEN
- DAS MÄNNERTREU, UNSCHLAGBAR BLAU

M PETUNIE KR

M ZAUBERGLÖCKCHEN KR

MÄNNERTREU KR

M BEGONIE KR

M STIEFMÜTTERCHEN KR

M VERBENE KR

GERANIE KR

BLUTROTER STORCHSCHNABEL KR

EDELGERANIE KR

BLÜTEN IN ROSA
BÄUME & STRÄUCHER

ROSA BLÜTEN TRÄGT EIN EINZIGER BAUM: DER JUDASBAUM, MIT BLÜTEN DIREKT AM HOLZ. AUSSERDEM ZIG STRÄUCHER:

- RHODODENDREN UND AZALEEN AUS BERGREGIONEN IN ALLER WELT – UND HEUTE IN UNSEREN GÄRTEN
- DER PERÜCKENSTRAUCH MIT SEINEN WOLKIGEN BLÜTENSTÄNDE
- DIE BLÜTENREICHE WEIGELIE
- DIE KOLKWITZIE, EIN GROSSER TRUMPF BEIM SCRABBLE

- DIE BLUT-JOHANNISBEERE KAM MIT DER MAHONIE AUS NORDAMERIKA ZU UNS (LECKERE BEEREN GIBT ES ABER NU BEI DER UNSCHEINBAREN VERWANDTSCHAFT)
- DIE SALZVERTRÄGLICHE TAMARISKE MIT SCHUPPIGEN BLÄTTER WIE EINE THUJA LIEBT DAS SEEKLIMA
- UNGEWÖHNLICHE BLÜTEN HAT DIE AUSTRALISCHE ROSMARIN-SILBEREICHE
- AUS DEN BLÄTTERN DES AUSTRALISCHEN TEEBAUMS WIRD EIN ÄTHERISCHES ÖL GEWONNEN

JUDASBAUM B

WEIGELIE S

TAMARISKE S

KOLKWITZIE S

PERÜCKEN-
STRAUCH S

RHODODENDRON S

BLUT-JOHANNIS-
BEERE S

ROSMARIN-
SILBEREICHE S

TEEBAUM S

AZALEE S

Blüten in Rosa

Krautige, Sukkulenten & mehr

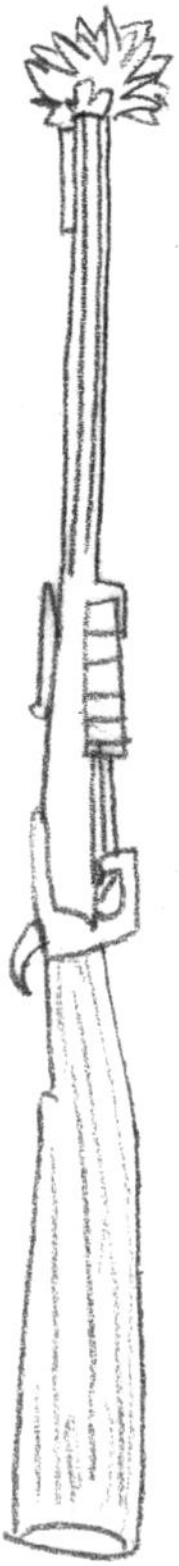

Viele fühlen sich im Garten genauso wohl wie in der Natur:

- der giftige Erdrauch löst Krämpfe
- die Rote Spornblume mag mageren Boden
- die Mittagsblume kommt mit wenig Wasser aus
- Zistrosen gefällt es trocken und warm
- Zwei sind nach deutschen Botanikern benannt:
- die gerbstoffreiche Bergenie nach Karl August von Bergen
- die glöckchenbehangene Fuchsie nach Leonhart Fuch

Zwei sind wichtige Heilpflanzen:

- von der Pfingstrose werden die dicken Wurzeln verwendet
- Thymian wirkt schleimlösend und entzündungshemmend

Nach der Nelke ist die portugiesische Nelkenrevolution (1974) benannt: Die Soldaten steckten rote Nelken in ihre Gewehrläufe.

Thymian KR

SPORNBLUME KR

M NELKE KR

MITTAGSBLUME SU

WEISSLICHE ZISTROSE S

PFINGSTROSE KR

PURPUR-ZISTROSE S

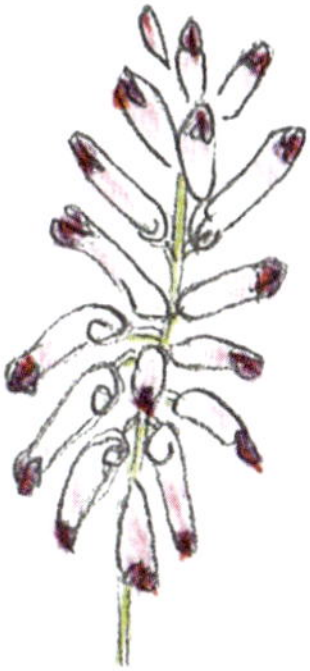
ERDRAUCH KR

BERGENIE KR

FUCHSIE S

SILBERBLATT KR

Blumen in Orange & Rot

Nur wenige Fruchtgehölze sind länger in Kultur als der Granatapfel mit seinen fleischigen Blüten.

Essbar und/oder medizinisch von Nutzen:

- die Garten-Ringelblume, zugleich eine Färberpflanze
- der Klatschmohn und sein goldgelber Cousin, der Goldmohn – beide sehr effektiv beim Verstreuen ihrer winzigen Samen

- die Bulbine, deren geleeartiger Saft ähnlich wirkt wie Aloe vera

- der Goldlack verströmt Gewürznelkenduft
- Tulpen und Rosen gibt es in tausend Sorten:
- die rote Rose steht für so viel: die Liebe, die Jungfrau Maria, das Blut Christi – nur nicht fürs Lippenrot (das übernimmt der Johannisbeer-Salbei 'Hot Lips')

- die Tulpe war im 17. Jh. in Holland das allererste Spekulationsobjekt

BULBINE SU

GRANATAPFEL S

GOLDLACK KR

RINGELBLUME KR

M JOHANNISBEER-SALBEI KR

GOLDMOHN KR

KLATSCHMOHN KR

M ROSE S

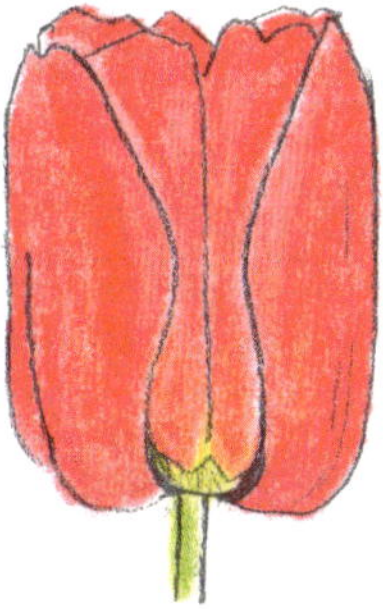

M TULPE ZW

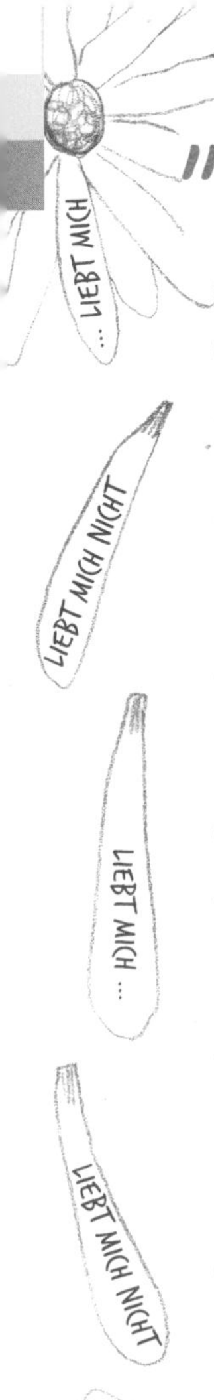

„Margeriten"-Blüten in Weiss, Gelb & Orange

Gelbe Mitte, weisse Blütenblätter:

- leicht zu erkennen: Margerite (gross), Gänseblümchen (klein), Spanisches Gänseblümchen (klein)
- machbar: Zweizahn (7–8 kleine Blütenblätter), Mutterkraut (grosse Mitte, kurze Blütenblätter), Färberkamille (ähnlich)
- verzwickt: Hundskamille, Echte Kamille, Römische Kamille

Gelbe Blütenblätter:

- leicht zu erkennen: Sonnenhüte (hochgewölbte Mitte), Gelbe Strauchmargerite (stark gesägtes Blatt)
- verzwickt: alles, was griechisch helios = „Sonne" im Namen trägt: Sonnenaugen (Heliopsis) und Sonnenblumen (Helianthus) einschliesslich des Topinamburs, der auch eine Sonnenblume ist
- Was gelb, rot oder orange gefleckte oder gestreifte Blütenblätter trägt, ist eindeutig erkennbar: Mädchenauge, Kokarde oder Mittagsgold.

KAMILLE KR
HUNDSKAMILLE KR
RÖMISCHE KAMILLE KR
MARGERITE KR
ZWEIZAHN KR
GÄNSE-BLÜMCHEN KR
SPANISCHES GÄNSE-BLÜMCHEN KR
FÄRBERKAMILLE KR
MUTTERKRAUT KR
SONNEN-BLUME KR
SONNEN-AUGE KR
SONNENHUT KR
GELBE STRAUCH-MARGERITE KR
MÄDCHENAUGE KR
KOKARDE KR
MITTAGSGOLD KR

Blüten in Gelb

Die Banks-Rose brachte der Naturforscher Joseph Banks aus China mit. Der Ranunkelstrauch, der aus Japan zu uns kam, stammt ebenfalls ursprünglich aus China.

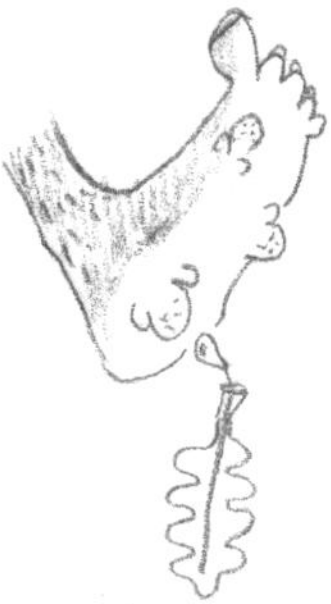

Nicht in den Mund stecken:

- die Blätter des Scharfen Mauerpfeffers, einer Fetthenne
- die hochgiftigen „Bohnen" des Goldregens
- Teile des Schöllkrauts – aber der orangegelbe Saft hilft gegen Warzen

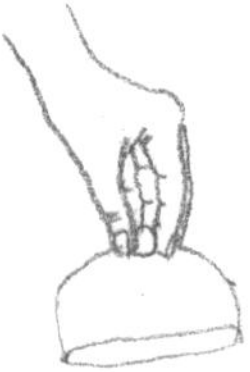

Aus windiger Gegend stammen:

- die fast blattlosen Ginster und Stechginster mit ihren grünen Zweigen, die bei beiden die Photosynthese erledigen

Goldenes Bling-Bling:

- das Grossblumige Johanniskraut 'Hidcote' – diese Zuchtform hat die tausendfach punktierten Blätter der wilden Verwandtschaft gegen noch intensivere Blütenpracht eingetauscht
- leuchtend gelb sind auch die Blüten vom giftigen Scharfen Hahnenfuss, im Volksmund Butterblume genannt

GELBE BANKS-ROSE K

GOLDREGEN B

RANUNKEL-
STRAUCH S

STECHGINSTER S

GROSSBLUMIGES
JOHANNISKRAUT S

GINSTER S

KRIECHENDER
HAHNENFUSS KR

SCHÖLLKRAUT KR

SCHARFER
MAUERPFEFFER SU

„Löwenzähne“

Ah, die gelben Korbblütler – Königinnen des Verwirrspiels! Die hier lassen sich aber recht gut unterscheiden:

- der Huflattich blüht im Winter, noch bevor sein Laub treibt
- das behaarte Mäuseohr blüht ganz dicht am Bode
- der Löwenzahn steht auf rötlichen, hohlen Stängeln und entwickelt später dicke Pusteblumen …
- … die beim Wiesen-Bocksbart noch viel grösser ausfallen
- das Ruhr-Flohkraut blüht mit grosser dunkelgelber Mitte

Bei manchen helfen auch die Blätter:

- die Mittelrippe des Lattich-Blatts ist auf der Rückseite stachelig
- auf dem Blatt des Natternkopf-Bitterkrauts sitzen bestachelte Blasen
- lustige Blätter haben die Gänsedisteln, aber damit sind sie nicht die einzigen
- die Blätter des Jakobskreuzkrauts sind stark eingeschnitten
- die des Wiesen-Bocksbarts erinnern an Lauch

LÖWENZAHN KR

HUFLATTICH KR

MÄUSEOHR KR

LATTICH KR

ACKER-GÄNSEDISTEL KR

NATTERNKOPF-BITTERKRAUT KR

RUHR-FLOHKRAUT KR

JAKOBSKREUZ-KRAUT KR

WIESEN-BOCKSBART KR

Blüten in Weiss

Kletterer, Bäume & Sträucher

Die Rosskastanie stammt ursprünglich vom Balkan. Sie besitzt zahlreiche medizinische Eigenschaften.

Mit Duft bezaubern:

- der Zimmer-Jasmin mit unzähligen Blüten und rosa Knospen (der duftlose Sommerjasmin ist nicht mit ihm verwandt)
- die Robinie – du kannst ihre Blüten in Beignets einbacken, lecker!
- die Berg-Waldrebe mit betörendem Kakao- und Vanilleduft stammt aus dem Himalaya
- der schwere Duft von Zitrusblüten steigt schnell zu Kopf
- aus den vom Mark befreiten Trieben des Pfeifenstrauchs wurden früher Flöten und Spritzen geschnitzt

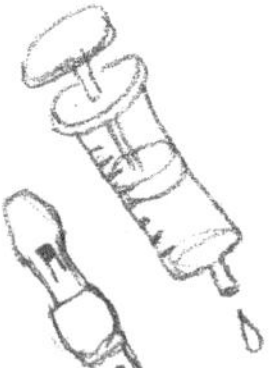

Die Wurzelknollen der Baumheide dienen bis heute zur Herstellung von Bruyère-Pfeifen. Die Deutzie, auch als Maiblumenstrauch bekannt ist nach dem Geldgeber ihres Entdeckers benannt.

ZIMMER-
JASMIN K

ROBINIE B

BERG-WALDREBE K

SOMMERJASMIN K

ROSSKASTANIE B

ZITRUSPFLANZE B

BAUMHEIDE S

PFEIFENSTRAUCH S

DEUTZIE S

BLÜTEN IN WEISS

OBSTGEHÖLZE

EIN PAAR TRICKS HELFEN DIR, DIE ANGEHÖRIGEN AUS DER FAMILIE DER ROSENGEWÄCHSE AUSEINANDERZUHALTEN, ZU DER AUCH UNSERE LIEBSTEN OBSTSORTEN ZÄHLEN:

- DIE BLÜTEZEIT: SCHLEHEN BLÜHEN SCHON IM WINTER, IM MÄRZ FOLGEN APRIKOSE, PFIRSICH, PFLAUME UND BIRNE, DIE KIRSCHE WARTET BIS APRIL, UND APFEL UND QUITTE BILDEN IM MAI DEN SCHLUSS
- EINE SPUR ROSA: ROSA BLÜTEN BEIM PFIRSICH, ROSA KNOSPEN BEIM APFEL, ROSAROTE KELCHBLÄTTER BEI DER APRIKOSE
- BLÜTENSTRÄUSSCHEN: DAS MUSS KIRSCHE, BIRNE, PFLAUME ODER WEISSDORN SEIN
- DER LAUBAUSTRIEB: GLÄNZEND BEI DER BIRNE, FILZIG BEI DER QUITTE
- UND SCHLIESSLICH STAMM UND ZWEIGE: SPITZE DORNEN BEI WEISSDORN UND SCHLEHE, QUER GESTREIFTE RINDE BEI DER KIRSCHE
- UND DIE ERDBEERE? FÜR DIE DARFST DU DIR SELBST WAS AUSDENKEN …

PFIRSICH B

APRIKOSE B

APFEL B

BIRNE B

QUITTE B

KIRSCHE B

PFLAUME B

WEISSDORN B

SCHLEHE S

Blüten in Weiss

Sträucher mit Blütenbüscheln

Die Schneebälle zuerst:

- der Gemeine Schneeball lockt mit grossen sterilen Blüten, ringsum die kleinen fruchtbaren Blüten, aus denen Beeren werden
- der Garten-Schneeball ist eine Zuchtform mit dicken, komplett sterilen Blütenkugeln

Alles, was die Nase umschmeichelt:

- ohne den Schwarzen Holunder kein Holunderblütensiru
- der Liguster ist für Hecken beliebt, genau wie …
- … der Kirschlorbeer, der weder Lorbeer noch Kirschbaum ist
- die Mexikanische Orangenblume
- der Klebsame mit wachsartigen Blüten, die sich im Verblühen gelblich färben

Und schliesslich:

- der Spierstrauch überrascht mit unerwarteter Blütenfüll
- die Zweige des Feuerdorns sitzen voller Blütenbüschel
- die Glanzmispel besticht zusätzlich mit rotem Blattaustrieb – es ist dasselbe Lichtschutz-Pigment am Werk wie beim Roten Hartriegel

KIRSCHLORBEER S

GEMEINER SCHNEEBALL S

GARTEN-SCHNEEBALL S

SCHWARZER HOLUNDER S

ROTER HARTRIEGEL S

LIGUSTER S

KLEBSAME S

SPIERSTRAUCH S

ORANGENBLUME S

GLANZMISPEL S

FEUERDORN S

BLÜTEN IN WEISS

KRAUTIGE, ZWIEBELPFLANZEN & STRÄUCHER

VIELES, WAS IM FRÜHLING SPRIESST, IST LECKER ODER SOGAR HEILSAM:

- BÄRLAUCH FÜRS PESTO
- WILDE RAUKE, UM DEN SALAT AUFZUPEPPEN
- BLÜTEN UND BLÄTTER DER GROSSEN STERNMIERE – WIE GRÜNE ERBSEN, MHMM!

NUR ZUM ANGUCKEN:

- BUSCHWINDRÖSCHEN UND MAIGLÖCKCHEN, ZWEI GIFTPFLANZEN IN ALTEN WÄLDERN
- DIE SÜDAFRIKANISCHE KALLA MAG ES IM BLUMENTOPF
- WINZIGE BLÜTEN TRÄGT DER ZAUBERSCHNEE – BEI DER KLEINSTEN VERLETZUNG VERRÄT IHN DER WEISSE MILCHSAFT ALS WOLFSMILCHGEWÄCHS
- DIE BLÜTENÜBERSÄTE IMMERGRÜNE SCHLEIFENBLUME LOCKT FRÜHE BIENEN AN

WARM WOLLEN ES DIE MITTELMEERGEWÄCHSE:

- DER WEISSE AFFODILL TREIBT AUS DICKEN SPEICHERWURZELN
- DIE MONTPELLIER-ZISTROSE UND IHRE KUSINE, DIE LACK-ZISTROSE, MIT WUNDHEILENDEM HARZ (LADANUM) UND ÄTHERISCHEN ÖLEN

MONTPELLIER-ZISTROSE S

LACK-ZISTROSE S

GROSSE STERNMIERE KR

IMMERGRÜNE SCHLEIFENBLUME KR

KALLA KR

BUSCHWINDRÖSCHEN KR

MAIGLÖCKCHEN ZW

WEISSER AFFODILL KR

ZAUBERSCHNEE KR

BÄRLAUCH ZW

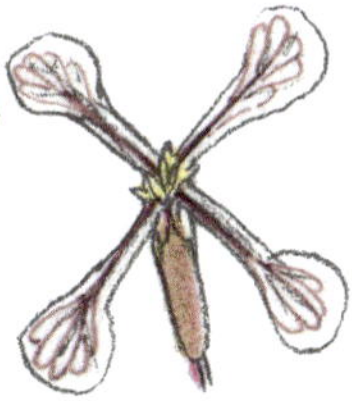

WILDE RAUKE KR

„Wilde Möhren"

Mal lecker, mal tödlich – mit weißen Doldengewächsen sollte man sich auskennen.

Die kleinen (40–120 cm):

- Wilde Möhre trägt im Zentrum der Dolde oft eine dunkelrote Einzelblüte
- vom Kerbel lässt sich die hochgiftige Hundspetersilie dank ihrer Blütenhüllblättchen unterscheiden
- symmetrische Einzelblüten sind typisch für die Schafgarbe
- Koriander-Grün ist lecker, seine kugelrunden Samen auch

Die großen (1–5 m); zwei Heilsame, dann zwei Giftige:

- Arznei-Engelwurz: glatter, kahler, rötlicher Stängel
- Wiesen-Bärenklau: behaarter, geriefter, grüner Stängel
- die gewaltige, phototoxische Herkulesstaude: kaum geriefter, purpurn gefleckter Stängel
- Gefleckter Schierling, der Sokrates zu Tode brachte: blaugrünes Laub, unangenehmer Geruch, rot gefleckter Stängel, im Gegensatz zu den anderen fehlt die Blattscheide

WILDE MÖHRE KR

WIESEN-KERBEL KR

GEMEINE SCHAFGARBE KR

KORIANDER KR

HUNDSPETERSILIE KR

GEFLECKTER SCHIERLING KR

ECHTE ENGELWURZ KR

WIESEN-BÄRENKLAU KR

HERKULESSTAUDE KR

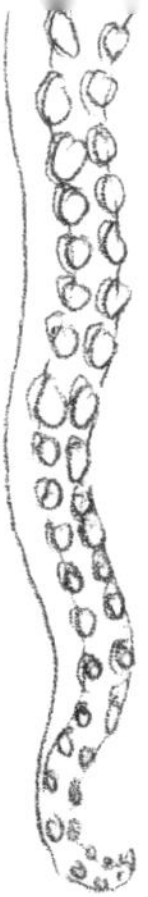

Farne

Die sommergrünen Farne entrollen jedes Frühjahr dekorative Wedel.

- Adlerfarn und Königsfarn können 2 m hoch werden. Unschlagbar elegantes, hellgrünes Laub treibt der Königsfarn, dazu ein braunes Sporenblatt. Die Wedel des Adlerfarns stehen einzeln auf rundem, kräftigem Stiel.
- Wurmfarn und Wald-Frauenfarn bilden beide einen etwa meterhohen Blattschopf. Uberhaupt sehen sich sehr ähnlich, nur dass der Frauenfarn graziler wirkt und die Sporenbehälter unterschiedlich geformt sind: rund bzw. oval

Und hier die kleinen Farne:

- der Hirschzungenfarn, benannt nach der Form seiner langen, ungeteilten Blätter
- ganzrandig gefiedert sind Rippenfarn und Tüpfelfarn, auch Engelsüss genannt
- das zierliche Venushaar und die Streifenfarne mögen es felsig

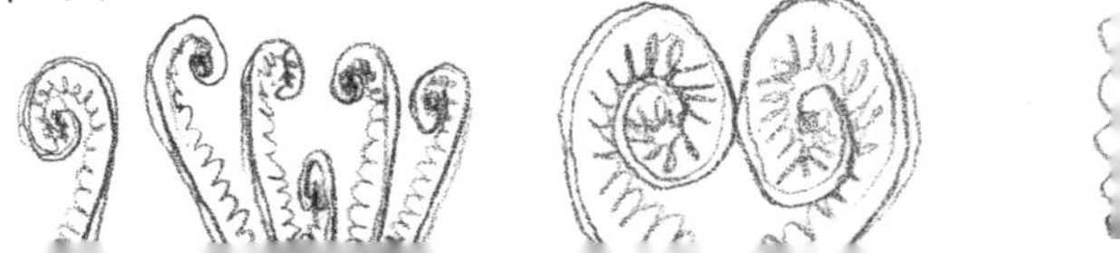

ECHTER WURMFARN KR
HIRSCHZUNGENFARN KR
WALD-FRAUEN-FARN KR
TÜPFELFARN KR
RIPPENFARN KR
VENUSHAAR KR
ADLERFARN KR
KÖNIGS-FARN KR
BRAUNER STREIFENFARN KR

In der Gartenbauschule drehte sich alles um eins:

Pflanzen sind schön!

Hier werden die Gartenhelden mit grünem Daumen ausgebildet. Ihre Ausrüstung: Pflanzen. Ihr Auftrag:

- Autos umsiedeln: Platz für Bäume!
- Die Jahreszeiten in die Stadt holen!
- Blumen und Duft statt städtisches Grau!
- Lust machen auf Bewegung im Freien!

AUS NATURKUNDEBÜCHERN WEISS ICH: PFLANZEN SIND LEBEN!

UND AUSSERDEM UNGLAUBLICH RAFFINIERT! PFLANZEN HABEN DIE UNGLAUBLICHSTEN TRICKS ENTWICKELT, UM SICH ZU BEHAUPTEN, ZU ERNÄHREN, ZU VERTEIDIGEN, ZU VERMEHREN. UND AUS MEINEN BÜCHERN WEISS ICH JETZT AUCH, WELCHE BÜNDNISSE SIE EINGEHEN – MIT INSEKTEN, VÖGELN, SÄUGETIEREN, SOGAR PILZEN!

Die Pflanzenzucht machte mir klar: Pflanzen haben eine Geschichte!

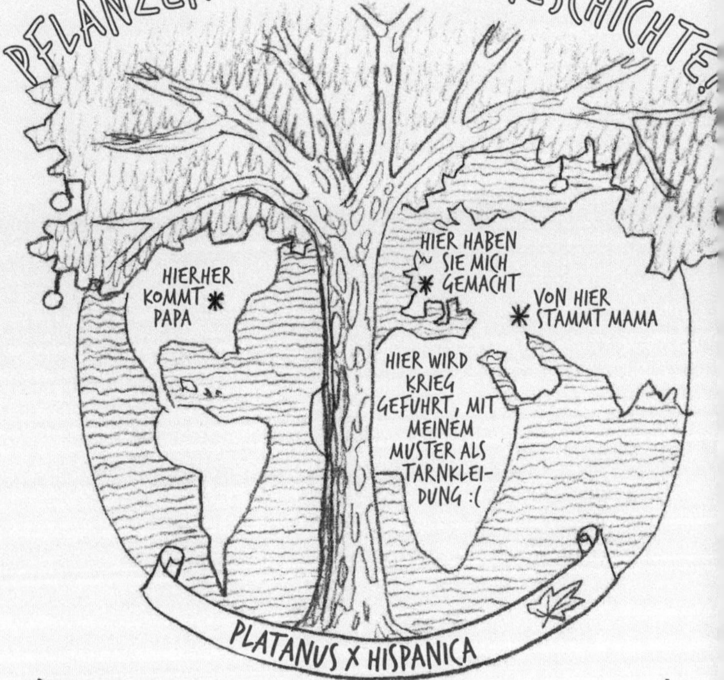

Du glaubst, du weisst alles über einen Baum, aber – zack! – erfährst du, dass seine Vorfahren vom anderen Ende der Welt stammen und erst vor knapp 400 Jahren zu uns kamen! Jede Pflanze trägt einen eindeutigen botanischen und mindestens einen umgangssprachlichen Namen. Viele verweisen auf alte Sagen, bestimmte Eigenschaften oder besonderes Aussehen.

Bei der Feldarbeit wurde mir klar: Pflanzen sind unverzichtbar!

Das Wichtigste zum Schluss: Ich gestehe, dass mir manche Pflanze nützlicher erscheint als andere, aber ist es nicht fantastisch, wenn wir daraus Körbe flechten oder Häuser bauen, sie uns Korken liefern oder Farbe zum Färben? Was wären wir ohne Kaffee, Tee, frisches Obst und eingemachtes Gemüse?

Die Sonne scheint, Regenwolken machen Urlaub – die perfekte Zeit, um an Kräutern zu schnuppern und weitere Pflanzen kennenzulernen: Die Blumen des Sommers leuchten in sämtlichen Farben des Regenbogens.

Am häufigsten sind warmes **Rot und Orange**, dazu gesellen sich leuchtendes **Gelb und Violett**, oft kombiniert mit **Laub in Grau oder Blau** – für diese Tönung sorgt ein Flaum, der vorm Austrocknen schützt.

Die Saison ist schon ziemlich vorange-
chritten, höchste Zeit für die Samenbildung:

- **Flügelnüsse** – erst hochdekorativ, päter braune Leichtgewichte, die ein kräftiger Windstoss herabtrudeln lässt

MER

- **Knackige Schoten** in frischen Farben
- **Samenstände**, die den Blick festhalten – oder das Hosenbein
- leckeres **Obst** und Sommerbeeren

Zum Schluss jene Pflanzen, die sich mit **rotviolettem Laub** vom vielen Grün abheben.

Blüten in Blau

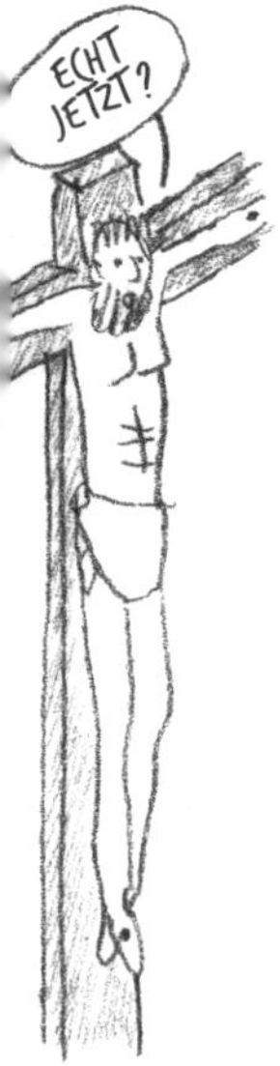

Die schönen Exotinnen:

- zwei Schlingpflanzen aus Südamerika: die alles umhüllende blaue Prunkwinde und die Blaue Passionsblume, die – so im 16. Jahrhundert von den Missionaren beschrieben – das Leiden Christi symbolisiert
- zwei Südafrikanerinnen: die Schmucklilie und die Kap-Bleiwurz, die gegen Zahnweh und Bleivergiftung helfen soll
- die Hortensie, die nur auf saurem Boden blau blüht

Die vielseitigen Naturkinder:

- der Borretsch – Blüten, die nach Gurken schmecken
- der Natternkopf – seine Wurzeln fördern die Narbenbildung
- die Kornblume – ihre Blüten sind essbar und wirken entzündungshemmend
- die Wegwarte – der Vormittag ist ihre liebste Tageszeit, und von ihr stammen Chicorée und Endivien ab
- die Glockenblumen – sie gibt es in vielerlei Gestalt

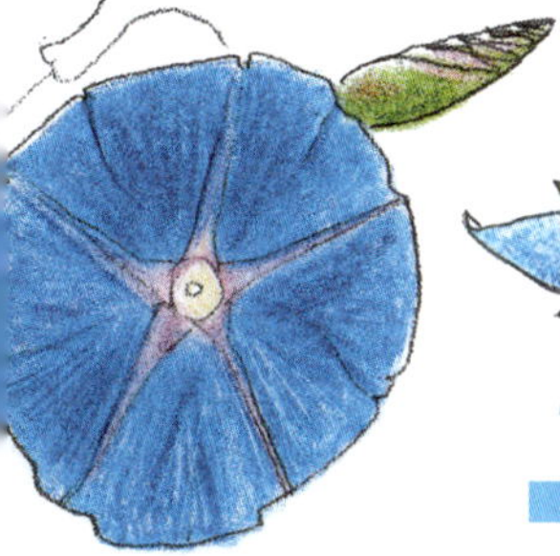

PRUNKWINDE K

BORRETSCH KR

BLAUE PASSIONSBLUME K

GLOCKENBLUME KR

KAP-BLEIWURZ K

GEMEINER NATTERNKOPF KR

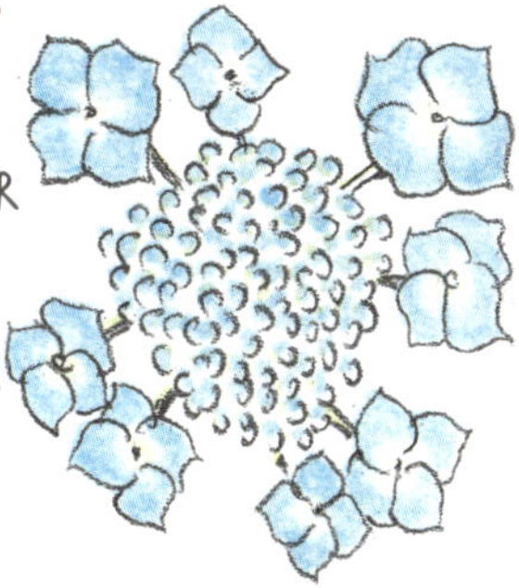

TELLER-HORTENSIE S

KORNBLUME KR

SCHMUCKLILIE ZW

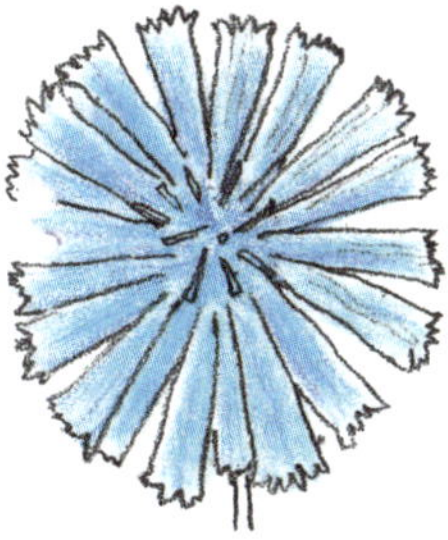

WEGWARTE KR

BLÜTEN IN VIOLETT

DIE EUROPÄERINNEN:

- DIE VOGELWICKE HÄLT SICH MIT BLATTRANKEN FEST, SIE DIENT ALS FUTTERPFLANZE UND GRÜNDÜNGER
- DIE ITALIENISCHE WEINREBE IST GENÜGSAM UND DOCH HOCHDEKORATIV
- FINGER WEG VOM GIFTIGEN FINGERHUT!
- GANZ ANDERS DIE WILDE MALVE: ESSBAR UND HEILSAM ZUGLEICH

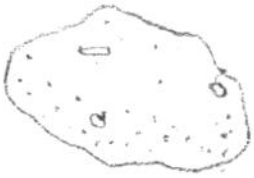

IM GARTEN EINMAL UM DIE WELT:

- DER ENZIANSTRAUCH ODER „KARTOFFELBAUM" STAMMT AUS SÜDAMERIKA, GENAU WIE SEINE KUSINEN KARTOFFEL UND TOMATE
- DIE INDISCHE KARAMELLBEERE HEISST, WIE IHRE FRÜCHTE SCHMECKEN – BEGEHRT BEI FASANEN UND ANDEREN VÖGELN

- EBENFALLS AUS ASIEN STAMMT DER ESSBARE ROSENEIBISCH, DIE WAPPENBLUME SÜDKOREAS
- AUS SÜDAFRIKA KOMMEN DIE REICHBLÜTIGE MYRTEN-KREUZBLUME UND DAS KAPKÖRBCHEN, AUCH KAPMARGERITE GENANNT

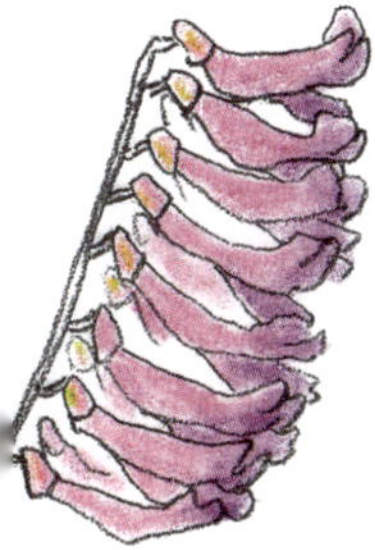

VOGELWICKE K

ITALIENISCHE WALDREBE K

ENZIAN-STRAUCH S

KARAMELLBEERE S

ECHTER ROSEN-EIBISCH S

FINGERHUT KR

WILDE MALVE KR

MYRTEN-KREUZ-BLUME S

M KAPKÖRBCHEN KR

BLÜTEN IN VIOLETT

ZU GRAUEM ODER BLAUEM LAUB

DER SCHÜTZENDE FLAUM, DER DAS LAUB SILBERGRAU ERSCHEINEN LÄSST, IST BEIM WOLLZIEST UNÜBERSEHBAR – EINE RICHTIGE KUSCHELPFLANZE.

BLÜTEN IN ÄHREN ODER TRAUBEN:

- DER AUS CHINA EINGEFÜHRTE SOMMERFLIEDER EROBERT LÄNGST UNSERE BRACHFLÄCHEN
- DIE BEEREN DES MÖNCHSPFEFFERS DÄMPFEN ANGEBLICH DIE LIEBESLUST
- DIE PEROWSKIE WURDE NACH EINEM RUSSISCHEN GENERAL BENANNT
- VOM STEPPEN-SALBEI GIBT ES VIELE GARTENSORTEN
- DER LAVENDEL IST BERÜHMT FÜR SEINEN ÄTHERISCHEN DUF

DIESE BLÜTEN WOLLEN HOCH HINAUS:

- DAS PATAGONISCHE EISENKRAUT GEHT AUF STELZEN
- DIE VEXIERNELKE BESTICHT MIT GRAUFILZIGEN BLATT-ROSETTEN
- DIE SCHATTENLIEBENDEN FUNKIEN GIBT ES IN VIELEN SCHÖNEN VARIANTEN
- DIE KAPLILIE IST MIT DER SCHMUCKLILIE VERWANDT – DOCH IHR AROMA VERRÄT, DASS SIE DEM KNOBLAUCH NÄHERSTEHT

LAVENDEL S
STEPPEN-
SALBEI KR
MÖNCHSPFEFFER S
SOMMERFLIEDER S
PEROWSKIE S
PATAGONISCHES
EISENKRAUT KR
VEXIERNELKE KR
WOLL-ZIEST KR
KAPLILIE ZW
FUNKIE KR

Blüten in Rosa

Kletterer & Gehölze

3 Kletterer, 3 Klettertechniken:

- die Duftwicke, eine Italienerin, hält sich mit Blattranken fest
- die Bougainvillea behilft sich mit langen bestachelten Trieben; sie wurde während Bougainvilles Weltumsegelung in Brasilien entdeckt
  - der Rosa Trompetenwein ist ein echter Schlinger

Unter den Top 10 des Strandurlaubs:

- die Hortensie – sie mag es kühl und frisch
- der Japan-Spierstrauch
- die Strauchpappel – Leuchtturmwärter legten ihre Blätter bei Verbrennungen auf
- der Oleander, von Kopf bis Fuss giftig
- die Kräuselmyrte, botanisch Lagerstroemia nach einem Direktor der schwedischen Ostindien-Kompanie
- die Seidenakazie mit ihren Quasten aus seidigen Staubfäden – botanisch Albizia zu Ehren des italienischen Naturforschers Albizzi

BOUGAINVILLEA K

ROSA TROMPETEN-
WEIN K

DUFTWICKE K

KRÄUSELMYRTE S

M OLEANDER S

SEIDENAKAZIE B

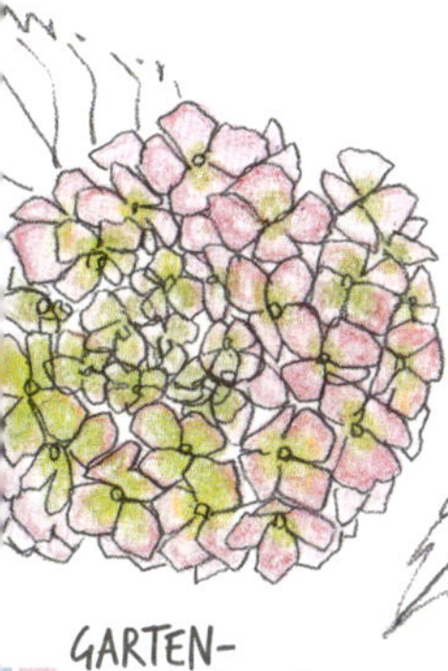

GARTEN-
HORTENSIE S

JAPAN-SPIERE S

STRAUCHPAPPEL S

Blüten in Rosa

Krautige Pflanzen & Sukkulenten

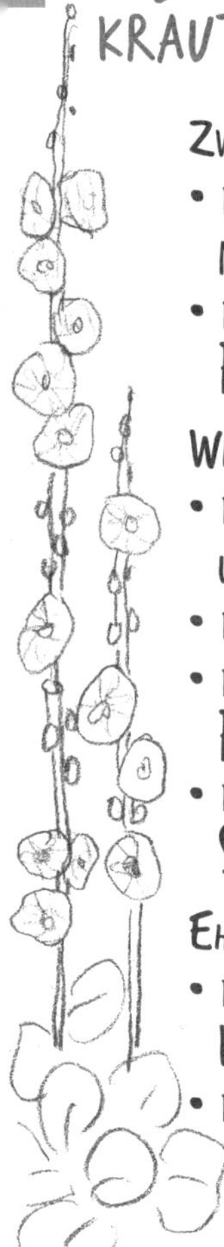

Zwei Südamerikanerinnen:

- die Inkalilie oder auch Alstroemerie, nach dem schwedischen Botaniker Alström
- der rosa Sauerklee, von dem man ein paar Blättchen knabbern darf

Wildblumen an Gräben und auf frischem Boden:

- der Blut-Weiderich, eine alte Heilpflanze, unter anderem bei Durchfall
- der Wasserdost, ein echter Bienenmagnet
- das Springkraut, dessen Kapselfrucht bei Berührung explosionsartig aufspringt
- das Weidenröschen, dessen Samen sich im Spätsommer am Seidenfaden davonmachen

Eher trocken mögen es:

- die essbare Stockrose, Königin schmaler Kopfsteingassen
- die Mittagsblume, der es sogar am heissen Strand gefällt
- die Ackerwinde, die alles zusammenzurrt, was sich anbietet – gern auch im Garten

ACKERWINDE K

M INKALILIE KR

WASSERDOST KR

WEIDENRÖSCHEN KR

M STOCKROSE KR

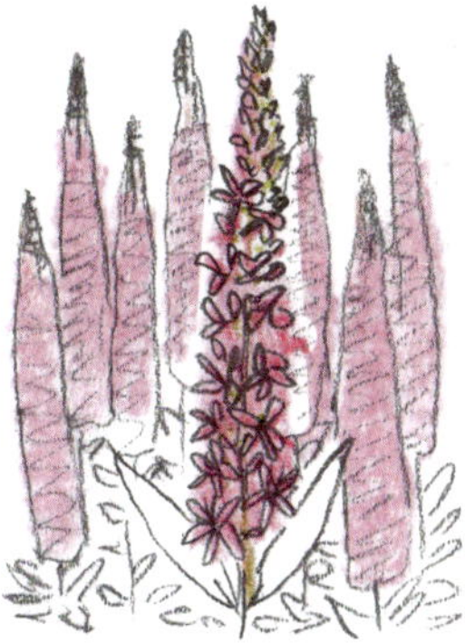

BLUT-WEIDERICH KR

DRÜSIGES SPRINGKRAUT KR

M MITTAGSBLUME SU

GLÜCKSKLEE ZW

Blüten in Rot

Kletterer & Sträucher

Aus Amerika stammen:

- die Mandevilla – lang anhaltende Blütenpracht im Kübe
- die mit Laternchenblüten behangene Glocken-Schönmalve
- das Wandelröschen, ein Insektenmagnet mit mehrfarbigen Blütenköpfen
- die Feijoa mit leckeren, knackigen Blütenblättern
- die Feuerbohne – knallige Blüten, leckere Schoten
- die auf die Trockenregionen Nordamerikas spezialisierte Garnelen-Justizie

Und dann wären da noch:

- der Essigbaum, mit dessen Samen die Ureinwohner Nordamerikas ein Vitamin-C-haltiges Getränk herstellten
- der australische Zylinderputzer, ein Feuerkeimer
- der Hibiskus, der schon so lange um die Welt reist, dass niemand seinen wahren Ursprung kennt

GLOCKEN-
SCHÖNMALVE K

MANDEVILLA K

FEUERBOHNE K

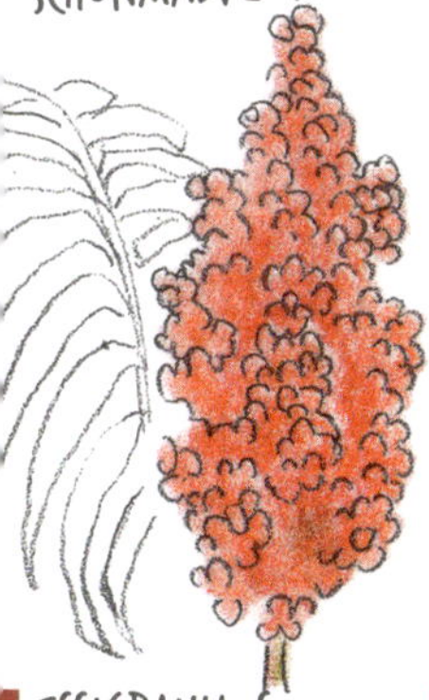

ESSIGBAUM S

M HIBISKUS S

GARNELEN-JUSTIZIE S

WANDELRÖSCHEN S

FEIJOA S

ZYLINDERPUTZER S

Blüten in Rot

Krautige & Zwiebelpflanzen

Aus Europa stammt das Purpurglöckchen, dessen winzige, zitternde Blüten jeden Maler zur Verzweiflung bringen.

Diese vier kommen aus Afrika:

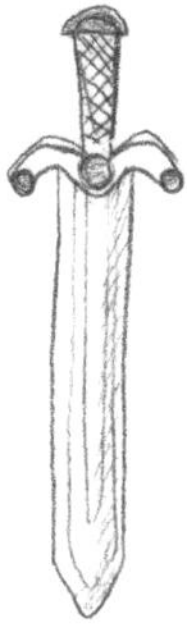

- die Gladiole heisst nach lateinisch gladius – das Schwert
- die Fackellilie macht ihrem Namen alle Ehre
- Crocosmia, der botanische Name der Montbretie, lautet übersetzt „Safranduft", denn dieses Aroma verströmen die aufgebrühten getrockneten Blüten
- das Fleissige Lieschen überzeugt durch unermüdlichen Blütenflor

Und diese aus Amerika:

- das Blumenrohr, in Lateinamerika ein Wurzelgemüse
- zwei Mexikanerinnen, die Zinnie und die Fackel-Lobelie, die erste Pflanze im All
- der Kolibribusch, der neben samtigen Blättern gleich zwei botanische Namen trägt: Jacobinia und Dicliptera

PURPUR-GLÖCKCHEN KR

MONTBRETIE ZW

FACKELLILIE KR

GLADIOLE ZW

FLEISSIGES LIESCHEN KR

BLUMENROHR ZW

FACKEL-LOBELIE KR

M ZINNIE KR

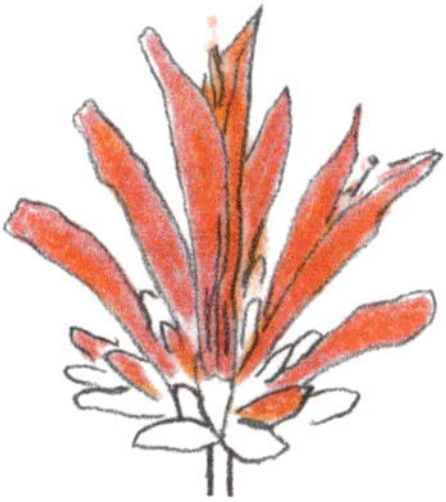

KOLIBRIBUSCH KR

Blüten in Orange

Drei hilfreiche und/oder essbare Schönheiten:

- die scharf schmeckende Kapuzinerkresse lockt Blattläuse von anderen Pflanzen fort

- die Tagetes vertreibt mit ihrem unangenehmen Geruch Insekten; benannt ist sie nach Tages, dem etruskischen Gott der Weisheit, der der Sage nach einer Ackerfurche entstieg
- die essbaren Blüten der Taglilie welken nach nur einem Tag – nicht mit der giftigen Lilie verwechseln!

Drei Grazien mit klangvollem Namen:

- die Schwarzäugige Susanne schlingt sich geschwind empor
- die Südafrikanische Paradiesvogelblume lässt sich von Vögeln bestäuben

- die Bunte Samtpappel wird auch Lindenblättrige Schönmalve genannt

Bleiben noch die Trompetenwinde, die eifrig sonnige Mauern erobert, und die Rote Nelkenwurz, die bei uns zuerst in Klostergärten wuchs.

SCHWARZÄUGIGE SUSANNE K

TROMPETEN-WINDE K

KAPUZINER-KRESSE KR

FEUER-LILIE ZW

BUNTE SAMT-PAPPEL S

BRAUNROTE-TAGLILIE ZW

TAGETES KR

PARADIESVOGEL-BLUME KR

ROTE NELKEN-WURZ KR

Blüten in Gelb

Zwei Klettergehölze:

- das duftende Geissblatt lockt flinke Schwärmer an
- zarten Duft verströmt der Niedrige Jasmin

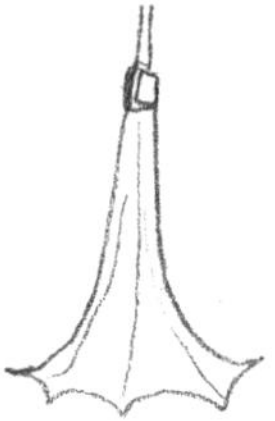

Weitere Gehölze:

- die Blasenesche – ein beliebter Parkbaum
- die Kassie hat abführende Wirkung
- der Paradiesvogelstrauch, botanisch Caesalpinia nach dem italienischen Botaniker Cesalpino, der sich mit der sexuellen Fortpflanzung der Pflanzen beschäftigte
- die Engelstrompete, grosse Kusine des nicht minder giftigen Stechapfels, wird in ihrer Andenheimat von Fledermäusen bestäubt

Drei, die wissen, wie man sich beliebt macht:

- der Nachtkerze kannst du zuschauen, wie sich ihre Knospen in der Dämmerung öffnen
- die Sumpf-Schwertlilie reinigt mit ihren Wurzeln das Wasser
- das Echte Leinkraut gibt seinen Nektar nur an Hummeln ab

NIEDRIGER JASMIN K

GEISSBLATT K

KASSIA S

PARADIES-VOGELSTRAUCH S

ENGELSTROMPETE S

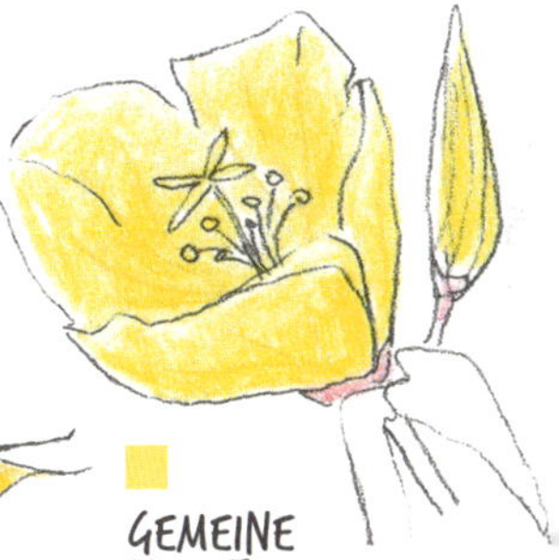

GEMEINE NACHTKERZE KR

SUMPF-SCHWERTLILIE ZW

BLASENESCHE B

ECHTES LEINKRAUT KR

Blüten in Gelb

zu (silber)grauem oder bläulichem Laub

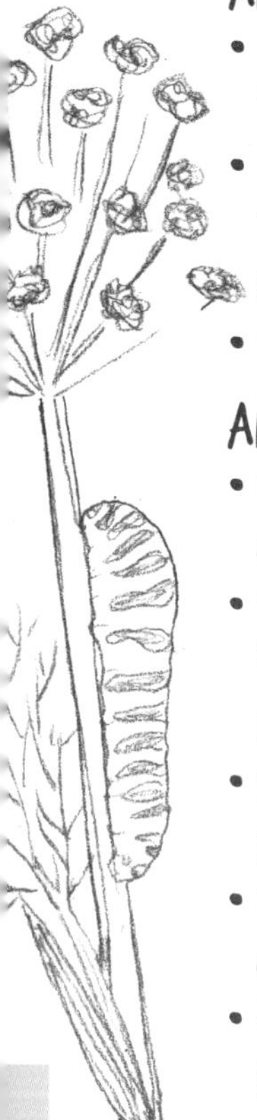

An Bäumen und Sträuchern:

- die Blattfiedern der Wasser-Akazie sind zum Schutz gegen Verdunstung bereift
- der Flanellstrauch heißt botanisch Fremontodendron – benannt nach John Frémont, der im 19. Jh. Amerika erkundete
- das Brandkraut macht sich schön im Kübel

An Arzneipflanzen für die Gartenapotheke:

- das würzig duftende Currykraut mit seinen gelben „Strohblumen" bei Prellungen
- die blutstillende Gemeine Schafgarbe bei Verletzungen – aber Achillea coarctata ist hübscher
- das Silber-Greiskraut, ursprünglich ein Gewächs der Mittelmeerküsten, gegen Augenjucken
- die honigduftende Kleinblütige Königskerze gegen Reizhusten
- Fenchel, Wirtspflanze der Schwalbenschwanzraupe, bei Blähungen
- das Graue Heiligenkraut gegen Motten

WASSER-AKAZIE B

FLANELLSTRAUCH S

BRAND-
KRAUT KR

SCHAFGARBE KR

CURRYKRAUT KR

SILBER-
GREISKRAUT KR

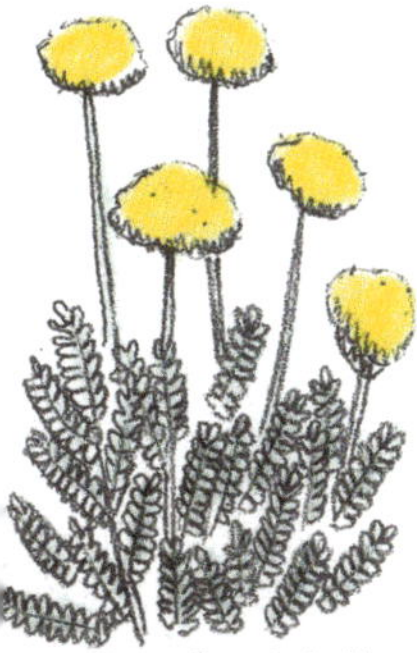

GRAUES HEILIGEN-
KRAUT KR

KLEINBLÜTIGE KÖNIGSKERZE KR

FENCHEL KR

Blüten in Weiss

Schlingpflanzen mit weissen Blüten:

- strahlend weisse Trichterblüten an der Zaunwinde
- der Chinesische Sternjasmin mit süssem Duft und immergrünem Laub
- der Echte Jasmin, der bis heute die persische Dichtung inspiriert

Weisse Blüten für die Küche:

- am Echten Mädesüss – zarte Süsse in Kräutertees, Desserts und Getränken
- an der Immergrünen Magnolie, die im 18. Jh. aus den jungen Vereinigten Staaten nach Frankreich gelangte
- an der Yucca – einer Wüstenpflanze, die nur ausgepflanzt blüht

Nur von Weitem zu geniessen:

- der Stechapfel: gefährlich halluzinogene Stoffe
- die für Katzen hochgiftig: die Lilien, übrigens nicht die Inspiration für die Wappenlilie
- zum Rauchen nicht geeignet: der argentinische Bergtabak

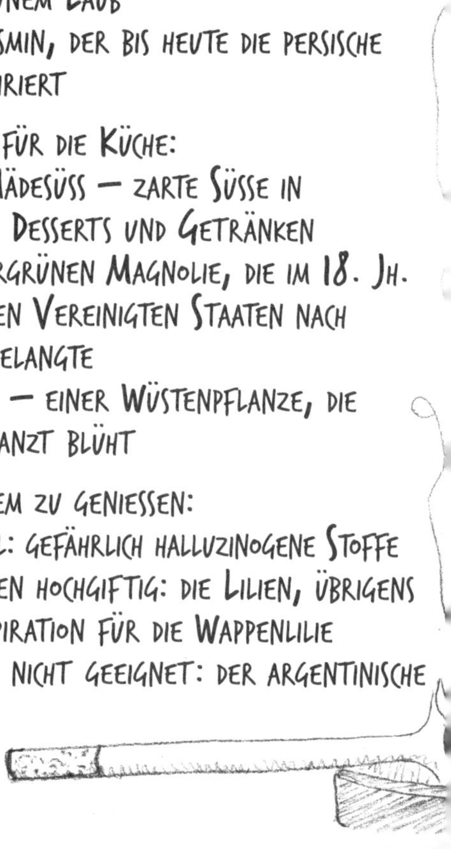

CHINESISCHER STERNJASMIN K

ECHTE ZAUNWINDE K

ECHTER JASMIN K

ECHTES MÄDESÜSS KR

IMMERGRÜNE MAGNOLIE B

STECHAPFEL KR

BERGTABAK KR

MADONNEN-LILIE ZW

YUCCA S

Knackige Schoten & andere Samenstände

Schoten in Rosig oder Zartgrün:

- schwere, samtige Blauregen-Schoten
- perlenschnurartige, giftige Hülsenfrüchte am Schnurbaum
- abgeflachte Schoten an der Seidenakazie
- am Judasbaum Knusperschoten für die Meisen
- am Blasenstrauch dick aufgeblähte Schoten: das knallt!

Samenstände, die dich packen:

- die Saatstängel des Ampfers geben Wiesen einen rostroten Schein
- in den roten Stachelkugeln der Rizinus-Pflanze stecken hochgiftige Bohnen
- aus den Fruchtzapfen der Magnolie blitzen feuerwehrrote Samen
- die Früchte der Klette inspirierten das nach ihnen benannte Klettband
- die Miniklettten des Klebkrauts verkrallen sich gern in Schnürsenkeln – und taugen geröstet als Kaffee-Ersatz

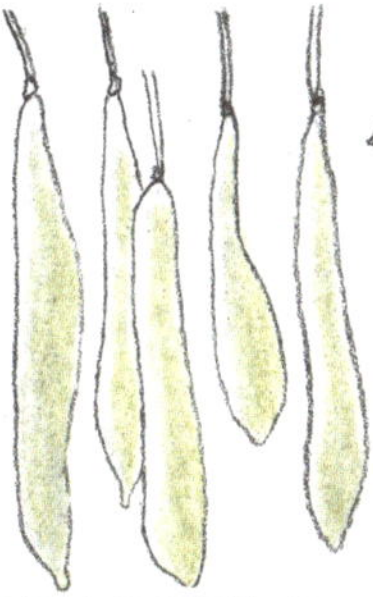
BLAUREGEN K

SCHNURBAUM B

SEIDENAKAZIE B

JUDASBAUM B

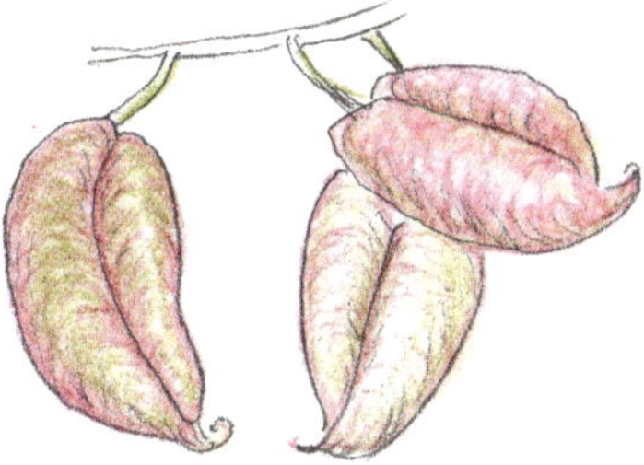
GELBER BLASENSTRAUCH S

IMMERGRÜNE MAGNOLIE B

RIZINUS S

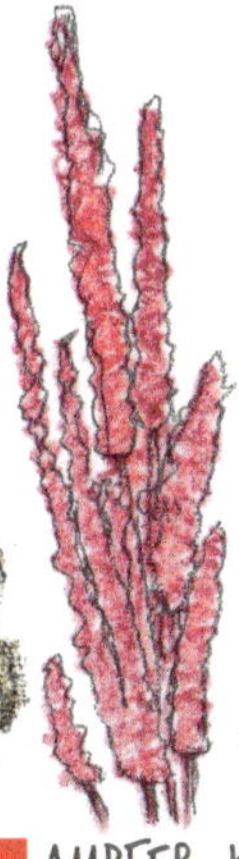
AMPFER KR

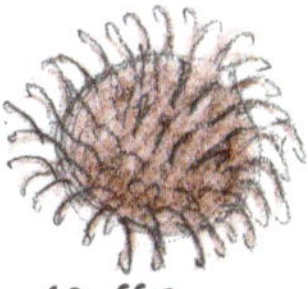
GROSSE KLETTE KR

KLEB-KRAUT KR

FLÜGELNÜSSE

AN VIELEN WEIT VERBREITETEN BÄUMEN REIFEN GEFLÜGELTE FRÜCHTE, DIE SICH VON WIND UND WASSER DAVONTRAGEN LASSEN:

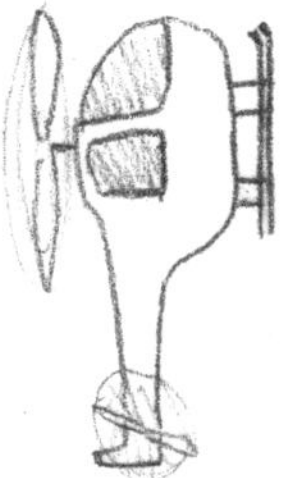

- DIE RUNDEN FLÜGELNÜSSE DER FELD-ULME KANNST DU FRISCH KNABBERN
- DIE DER ESCHE UND DES GÖTTERBAUMS SIND FLACH UND LEICHT VERDREHT
- EIN VORBLATT TRÄGT DIE FRUCHT DER LINDE, DEREN BLÜTEN WIR ZU TEE AUFGIESSEN

- DIE „NASHÖRNER" DER AHORNE KOMMEN PAARWEISE DAHER, BIS DER WIND SIE TRENNT UND VOM BAUM TRUDELN LÄSST
- INTERESSANT DIE FLÜGELNUSS DER HAINBUCHE: SIE ERINNERT AN EINEN VOGELFUSS

- DER SAMENSTAND DER HOPFENBUCHE SIEHT AUS WIE EIN HOPFENZAPFEN, ABER MIT DER BIERZUTAT IST DER BAUM NICHT VERWANDT
- DIE HOLZIGEN FLÜGELNÜSSE DES TULPENBAUMS SIND ZU AUFRECHTEN KEGELN VERSAMMELT, DIE SCHLIESSLICH ZERFALLEN

LINDE B
ESCHE B
GÖTTERBAUM B
FELD-
ULME B
AHORNE B
ESCHEN-AHORN
FELSEN-AHORN
BERG-AHORN
SPITZ-AHORN
FELD-AHORN
TULPENBAUM B
HAINBUCHE B
EUROPÄISCHE
HOPFENBUCHE B
ECHTER
HOPFEN K

Früchte & Beeren

Köstliches Sommer-Duo:

- nachdem sie fast als letzte blühten, sind die Kirschen nun als erste reif
- die Japanische Wollmispel trägt erfrischende, aprikosenfarbene Apfelfrüchte, als Loquat im Handel; mit der Mispel, deren Frucht nur überreif geniessbar ist, ist sie nicht verwandt

Hochsommerlicher Genuss:

- die Pflaume wächst bei uns schon seit dem Mittelalter
- später kamen die Aprikose und der Pfirsich hinzu – die eine aus Armenien, der andere aus China

Kleine Beeren, wild gesammelt oder aus dem Garten:

- Brombeeren sind so lecker, dass du gern die Kratzer in Kauf nimmst, die die Ruten dir zufügen
- Himbeeren, Johannisbeeren und Blaubeeren schmecken nach frischer Luft und Waldspaziergang

WOLLMISPEL B

APRIKOSE B

PFIRSICH B

HEIDELBEERE S

ROTE JOHANNISBEERE S

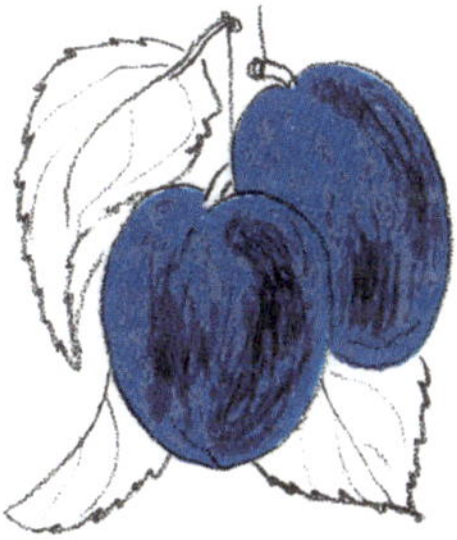

M PFLAUME B

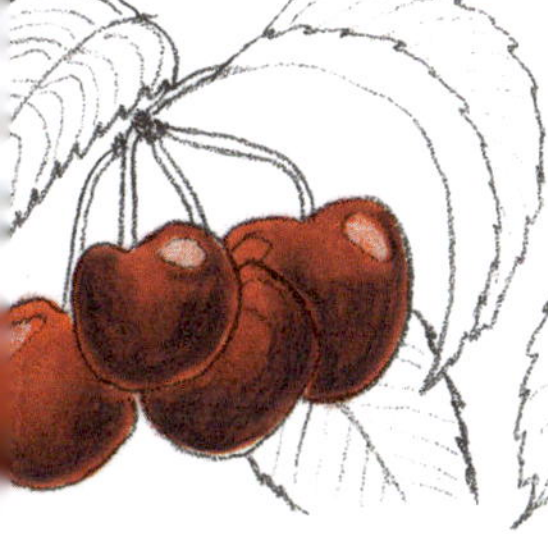

KIRSCHE B

BROMBEERE S

HIMBEERE S

Blätter in Rotviolett

Die rotviolette Farbe dieser Blätter wird durch Pigmente verursacht: durch Anthocyane, die das für die Photosynthese unerlässliche grüne Chlorophyll mehr oder weniger stark optisch überlagern.

Aber was bezweckt dieses Rotviolett? Es …

… irritiert Pflanzenfresser

… schützt vor Kälte
… schützt vor Licht
… gefällt den Gartenfans

Anthocyane sind übrigens nicht allein den rotlaubigen Gehölzen vorbehalten: Im Frühjahr tönen sie den empfindlichen Blattaustrieb, und im Herbst färben sie Laub, das kurz vor dem Abflug steht.

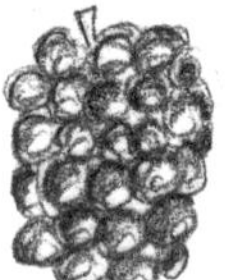

Sie finden sich zudem in Gemüse und Früchten wie Brombeeren und Auberginen. Auch wir nutzen sie: beispielsweise mit einem aus Rotwein-Trester gewonnenen Lebensmittelzusatzstoff, der Speiseeis, Süsswaren und Getränken appetitliche Farbe gibt.

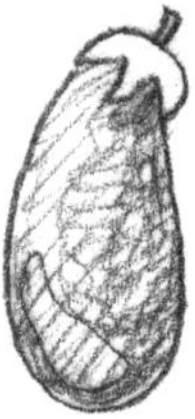

BLUT-HASEL S

BLUT-BUCHE B

BLUT-PFLAUME B

ROTER PERÜCKENSTRAUCH S

PURPURBASILIKUM KR

PURPURGLÖCKCHEN KR

ROTER GLÜCKSKLEE KR

MEXIKANISCHE DREIMASTERBLUME KR

BUNTNESSEL KR

BLUMENROHR ZW

ZIER-SÜSSKARTOFFEL KR

FÄCHER-AHORNE B

ROTER SPITZ-AHORN B

① VERGISS DIE WINZLINGE!

ES GIBT DUTZENDE BAUM- UND EBENSOVIELE KLETTERPFLANZEN-ARTEN, DAZU HUNDERTE STRÄUCHER UND UNENDLICH VIELE KRAUTIGE GEWÄCHSE. VERSUCHE DIE PFLANZEN ZU IDENTIFIZIEREN, DIE GERADE BESONDERS AUFFALLEN, ZUM BEISPIEL MIT BLÜTEN, FRÜCHTEN ODER BUNTEM HERBSTLAUB.

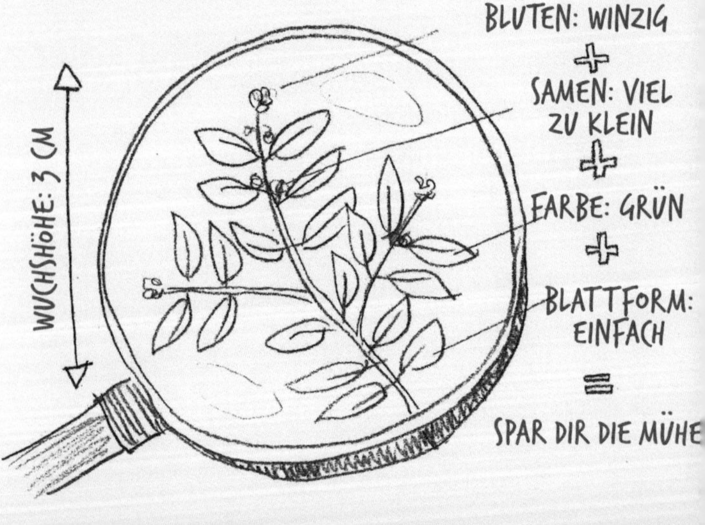

② HALT DICH FERN VON KOMPLIZIERTEN FAMILIEN!

AUCH PFLANZEN KENNEN EINE ART LIEBLINGSLOOK WIE „WILDE MÖHRE", „LILA DISTEL", „MARGERITE" UND „LÖWENZAHN". DIESE BLÜTENFORMEN SIND WEIT VERBREITET, WAS IHRE BESTIMMUNG OFT SEHR ERSCHWERT. DIE ARTEN, BEI DENEN ES AM EINFACHSTEN GEHT, HABE ICH DIR SCHON VORGESTELLT. ALLE ANDEREN HEBST DU DIR AM BESTEN FÜR SPÄTER AUF.

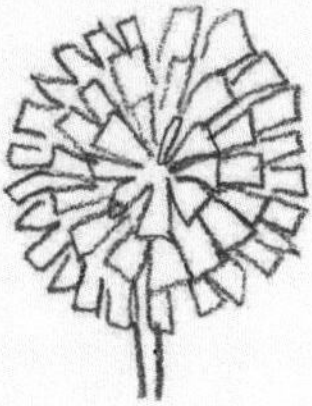

☐ LÖWENZAHN

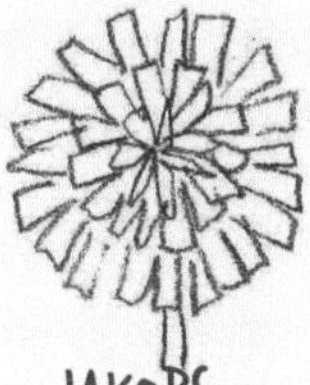

☐ JAKOBS-KREUZKRAUT

☐ GÄNSEDISTEL

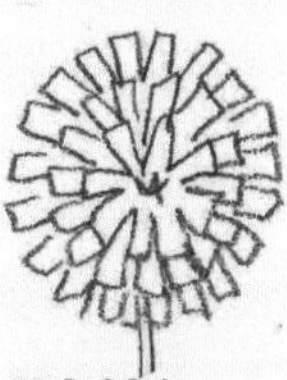

☐ PIPPAU

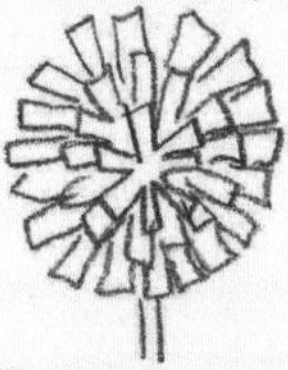

☐ BITTERKRAUT

☐ HABICHTSKRAUT

③ FÄLLT SIE DIR STÄNDIG AUF? DANN LOHNT DIE MÜHE

DAS IDENTIFIZIEREN LOHNT VOR ALLEM BEI PFLANZEN, DIE DIR IMMER WIEDER BEGEGNEN – AN STRASSEN, IN GÄRTEN UND PARKS. ÜBERLEG DIR EINE ESELSBRÜCKE, MIT DER DU DIR DEN NAMEN LEICHTER MERKEN KANNST.

4 NIMM AUGEN, NASE UND TASTSINN ZUHILFE!

SCHAU AUF DIE PFLANZE ALS GANZES: SILHOUETTE, WUCHSFORM, FARBE, BLÜTENAUFBAU, BLATTUMRISS. SCHAU, WAS BESONDERS TYPISCH IST. DAZU BRAUCHST DU KEINE FACHBEGRIFFE – SAG ES EINFACH MIT DEINEN WORTEN.

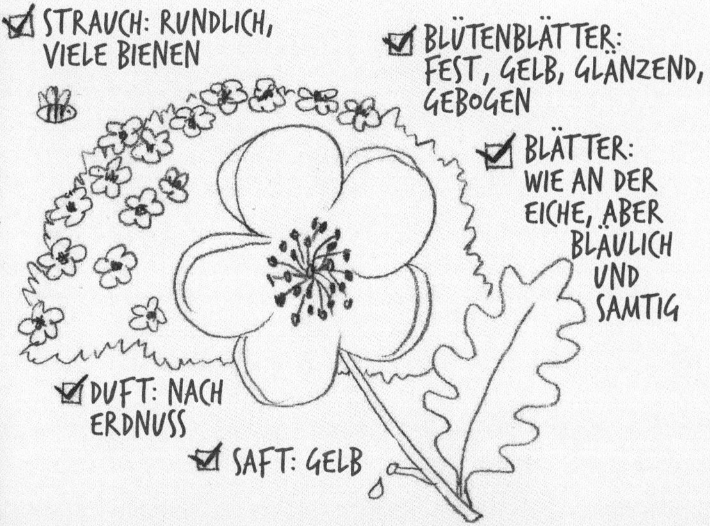

Die Saison geht auf ihr Ende zu, es regnet häufiger, der Himmel ist wolkenverhangen. Der Wind weht stärker, die Temperaturen sinken. Auch die **Blüten werden weniger**, abgesehen von einigen unverwüstlichen Herbst-blühern und manchen Sommerblumen, die tapfer **durchhalten bis zum Frost**. Jetzt ist wirklic alles auf Fortpflanzung ausgerichtet, Spaziergänger und Vogelwelt freuen sich über Samen und Früchte:

HER

• diverse **Giftige Beeren**: vor allem er rote Perlenschmuck wilder Kletter-flanzen

• viele **Leckereien**: saftige spätreifende Früchte, Trockenfrüchte und Nüsse, die das Eich-hörnchen in uns wecken

BST

Am auffälligsten ist jetzt as Laub, das im Herbst zum grossen Finale aufläuft: Bevor die absterbenden Blätter zu Boden segeln, tauschen sie ihr nonymes Grün gegen loderndes Rot, elb und Orange.

Blüten in Violett

Aus Nordamerika:

- die Aster – lateinisch für „Stern"
- das Silberblatt, eine trockenresistente Pflanze aus Texa
- der Bartfaden, in seiner Heimat ebenfalls ein Bewohner von Trockenregionen
- der samtige Blüten tragende strauchige Salbei

Mit Duft bezaubern:

- die Himmelsblüte
- die zur Parfümherstellung genutzte Vanilleblume mit subtilem Vanille-Mandel-Duft
- der betörende Phlox, auch Flammenblume, besonders die mehltauresistente Sorte 'David's Lavender'

Und nicht zu vergessen:

- die unverzichtbare Chrysantheme, klassischer herbstlicher Grabschmuck
- die Liriope, Beiname muscari, da ihre Blüten an Traubenhyazinthen erinnern
- die neuseeländischen Strauchveroniken
- die blattlose, hochgiftige Herbstzeitlose – auf keinen Fall mit Safran verwechseln!

ASTER KR

GARTEN-
CHRYSANTHEME KR

TEXAS-SILBERBLATT S

LIRIOPE KR

HIMMELSBLÜTE S

STRAUCHIGER
SALBEI S

STRAUCHVERONIKA S

BARTFADEN KR

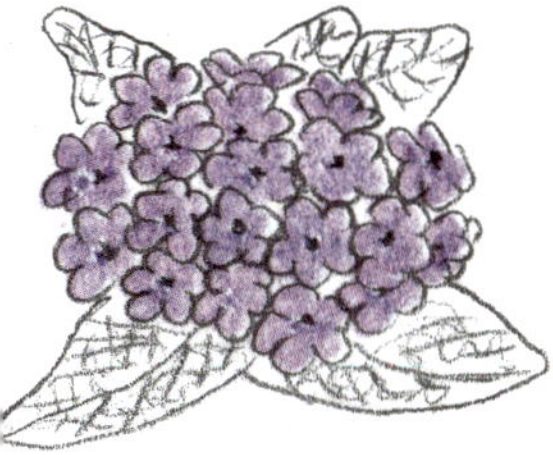
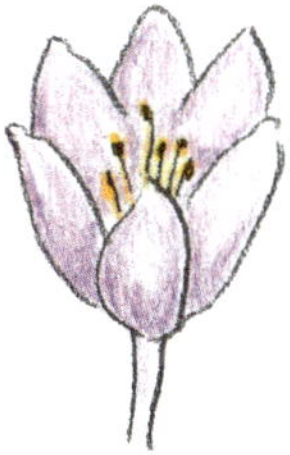

VANILLEBLUME KR

HERBSTZEITLOSE ZW

PHLOX KR

Blüten in Rosa

Aus Nord- bzw. Südamerika:

- der Purpur-Sonnenhut, eine Heilpflanze der Ureinwohner
- der Fuchsschwanz, für die Azteken Spinat- und Popcorn-Lieferant zugleich (Amaranth!)
- die Rosa Nachtkerze, Schwarm des Hummelschwärmers
- das mexikanische Schmuckkörbchen, auf das der Distelfink fliegt
- die Wunderblume, die ihre duftenden Blüten erst am Abend öffnet

Aus Südafrika:

- die Belladonnenlilie, deren dicke Zwiebel sogar Buschbrände übersteht
- die Kapfuchsie, die es schattig mag, was ihr botanischer Name Phygelius – Sonnenflüchter – bestätigt

Made in Asia:

- die Schöne Fetthenne mit Blättern, die wie Kaiserschoten schmecken
- der Losstrauch mit unangenehm riechendem Laub
- der Knöterich mit pfirsichartigem Laub, worauf der botanische Name Persicaria verweist

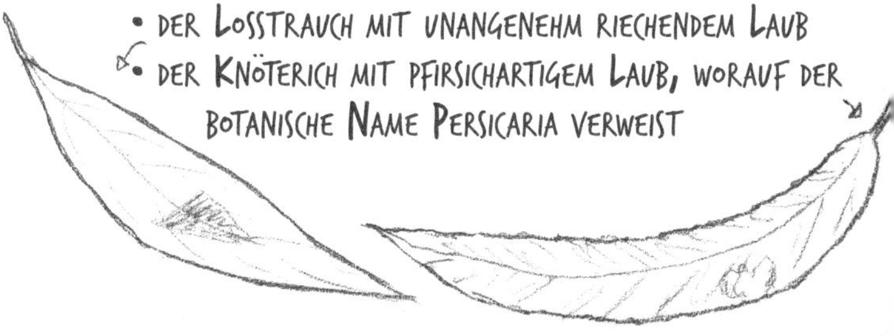

SCHÖNE FETTHENNE SU

WUNDERBLUME KR

HERRLICHER LOSSTRAUCH S

ROSA NACHT-
KERZE KR

SCHMUCK-
KORBCHEN KR

PURPUR-
SONNENHUT KR

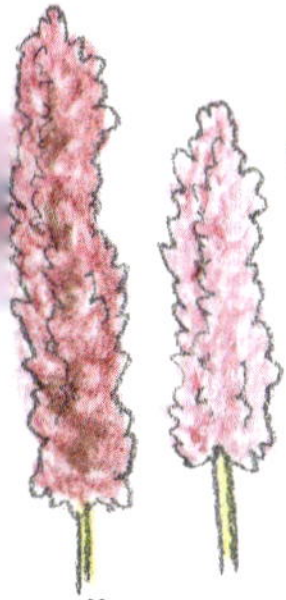

KNÖTERICH KR

BELLADONNEN-
LILIE ZW

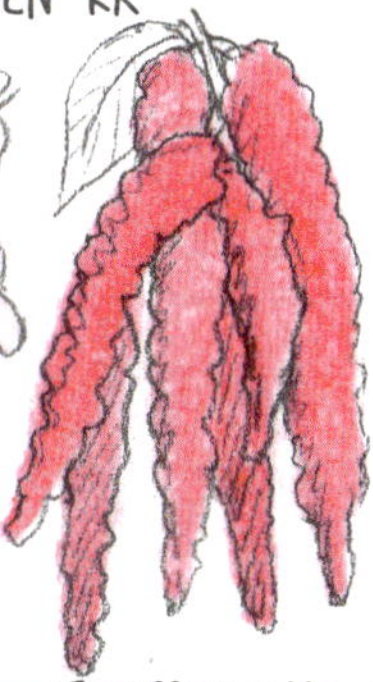

FUCHSSCHWANZ KR

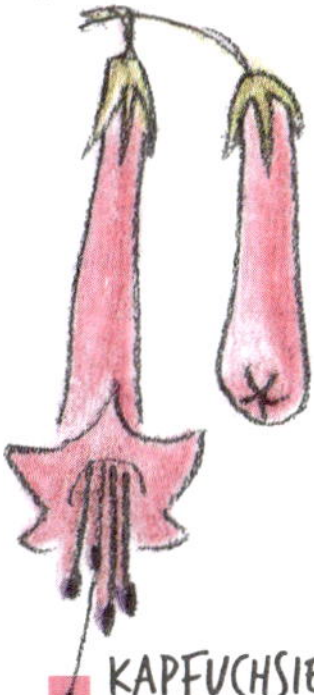

KAPFUCHSIE KR

Blüten in Gelb & Orange & Rot

Schönes aus der Neuen Welt:

- Honigmelonen-Salbei: kannst du essen
- Mexikanische Tithonie: vertreibt Insekten
- Sonnenblumen: schau mal bei van Gogh
- Dahlien: aus Omas Garten – ursprünglich gezogen wegen der Speicherknollen mit Artischockengeschmack

Lästiges aus der Neuen Welt:

- Heusenkraut: verstopft Gewässer
- Goldrute: erobert Brachflächen und frische Böden – hilft aber auch gegen Nierensteine

Vom Mittelmeer:

- der Goldkrokus, der gar kein Krokus ist – botanisch Sternbergia nach dem böhmischen Botaniker Kaspar Maria von Sternberg
- das Löwenmaul, dessen Blüten sich nur für die schweren Hummeln öffnen

Und zu guter Letzt das afrikanische Löwenohr, auch Löwenschwanz genannt, dessen Blätter leicht euphorisierend wirken.

HONIGMELONEN-SALBEI KR

MEXIKANISCHE TITHONIE KR

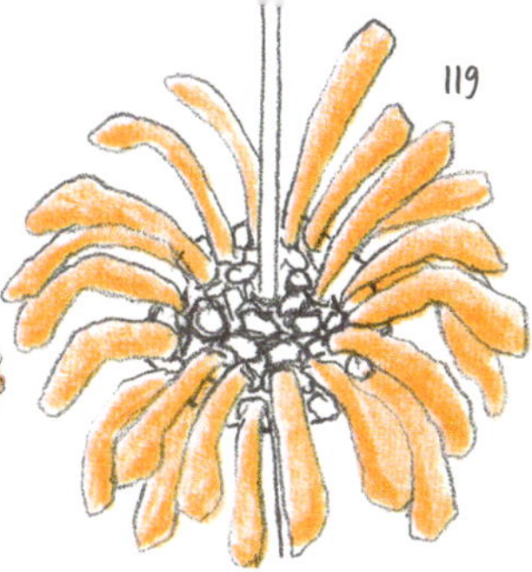

GROSSBLÄTTRIGES LÖWENOHR KR

GOLDKROKUS ZW

M DAHLIE ZW

GOLDRUTE KR

HEUSENKRAUT KR

SONNENBLUME KR

M LÖWENMAUL KR

Blüten in Weiss

Zwei eifrige Kletterpflanzen:

- der Silberregen, der aus Turkestan zu uns kam
- die Waldrebe, in deren flaumigen Samenständen sich die Herbstsonne fängt

Angenehm als Tee-Aufguss:

- die Zitronenverbene – für Inca Kola und perfekt als Gute-Nacht-Tee
- die Sasanqua-Kamelie, eine duftende Tee-Zutat
- der Erdbeerbaum, dessen Heidekrautblüten Beschwerden im Darm- und Nierentrakt lindern

Und ausserdem:

- Seerosen – wir kennen sie von Monets Gemälden
- die Herbst-Anemone: Als sich der Windgott Zephyr in die schöne Nymphe Anemona verliebte, verwandelte seine eifersüchtige Gattin Flora sie flugs in eine Blume
- die Prachtkerze – früher botanisch Gaura, heute wie die Nachtkerze Oenothera – blüht vom Frühsommer bis zum Frost
- duftende Abelien findest du vom Frühjahr bis zum Frost

SILBERREGEN K

GEMEINE WALDREBE K

ZITRONEN-VERBENE S

SASANQUA-KAMELIE S

M SEEROSE ZW

ERDBEERBAUM B

PRACHTKERZE KR

HERBST-ANEMONE KR

ABELIE S

Beeren in Schwarz und Rot

Die Beeren des Schwarzen Holunders kannst du zu Saft, Wein oder Gelee verarbeiten. Alle übrigen überlässt du besser den Vögeln:

- die Beeren des Gemeinen Schneeballs sind leicht giftig
- die Beeren des Kirschlorbeers setzen im Magen hochgiftige Blausäure frei
- die Beeren von Jerusalemkirsche, Aronstab und Kermesbeere sind ebenfalls gefährlich, auch wenn man früher mit Kermesbeerensaft Rotwein färbte …

Für anderen roten Perlenschmuck gilt:

- Finger weg von den Beeren von Zaunrübe, Schmerwurz, Stechwinde und Wildem Spargel – nimm lieber die jungen Spargeltriebe für ein leckeres Omelett
- Aus den Blüten des Wald-Geissblatts kannst du süssen Nektar saugen, aber seine Beeren machen dich krank
- die Beeren des Bittersüssen Nachtschattens können für Kinder tödlich sein

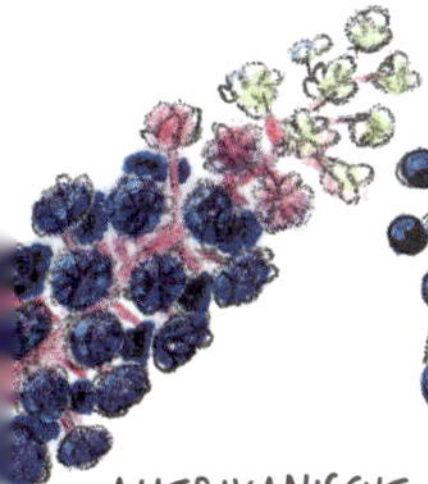

AMERIKANISCHE KERMESBEERE KR

SCHWARZER HOLUNDER S

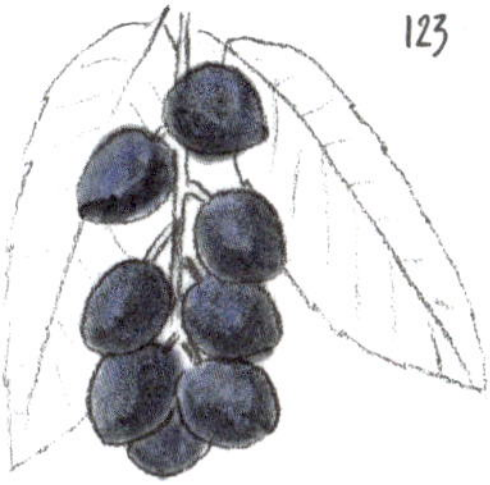

KIRSCHLORBEER S

ARONSTAB ZW

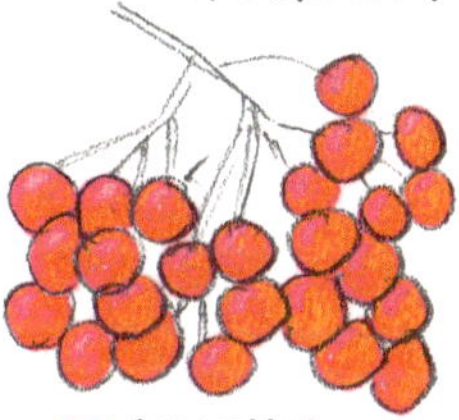

GEMEINER SCHNEEBALL S

JERUSALEM-KIRSCHE S

BITTERSÜSSER NACHTSCHATTEN K

RAUE STECHWINDE K

ZWEIHÄUSIGE ZAUNRÜBE K

ECHTE SCHMERWURZ K

WILDER SPARGEL K

WALD-GEISSBLATT K

Trockenfrüchte & blaue Blüten

Für Feinschmecker:

- die Maronen aus den Stachelkugeln der Edelkastanie – lecker geröstet oder glasiert
- Walnüsse mögen wir frisch – oder in Öl, Wein oder Likör eingelegt
- Haselnüsse: gut für den Cholesterinspiegel
- süsse Mandeln sind ein Genuss, Bittermandeln setzen hochgiftige Blausäure frei

Und noch mehr:

- geniessbar sind Eicheln und Bucheckern, wenn man sie erst von Gerbstoffen und anderen unverdaulichen Substanzen befreit hat
- ungeniessbar sind Rosskastanien, aber du kannst daraus lustige Männchen basteln

Derweil bezaubern blaue Herbstblüher:

- die Blaue Mauritius und die Chinesische Bleiwurz mit rot verfärbtem Laub – zwei herrliche Bodendecker
- die Bartblume, ein spätes Bienengehölz
- der Pfeffer-Salbei, Spitzname „Hummelschaukel"

ROSSKASTANIE B

EDELKASTANIE B

WALNUSS B

EICHE B

HASELSTRAUCH S

MANDELBAUM B

BUCHE B

BARTBLUME S

BLAUE MAURITIUS KR

CHINESISCHE BLEIWURZ KR

PFEFFER-SALBEI KR

LECKERE FRÜCHTE

DIE BEIDEN KLASSIKER GENIESSEN WIR FRISCH, ALS KOMPOTT, GEMOSTET ODER ZU WEIN VERGOREN:

- APFEL, FRUCHT DER ERKENNTNIS
- BIRNE, SPITZNAME VON LOUIS-PHILIPPE I.

DIE SONNENKINDER VOM MITTELMEER:

- WEINTRAUBEN FÜR DIONYSISCHE FESTE
- OLIVEN – VOM SELBEN BAUM WIE DER ZWEIG ALS FRIEDENSSYMBOL
- GRANATAPFEL – NACH DIESER SAMENREICHEN FRUCHT IST DAS GESCHOSS BENANNT
- FEIGE, EINE SCHEINFRUCHT, DURCH WINZIGE WESPEN VON INNEN BESTÄUBT
- DIE ORANGEROTE FRUCHT DES ERDBEERBAUMS, BIS HEUTE EIN LOCKBAUM ZUM VOGELFANG

DIE ETWAS UNZUGÄNGLICHEN:

- NUR ÜBERREIF NACH DEM ERSTEN FROST ZU GENIESSEN: KAKIPFLAUME UND MISPEL, DAZU DIE SAUREN SCHLEHEN, OB EINGEKOCHT ODER ZU LIKÖR EINGELEGT
- DIE QUITTE, MIT VIEL GEDULD ZU MUS GEKOCHT
- DIE KIWI, KEIN GUTER PARTNER ZU MILCHPRODUKTEN

BIRNE B

MISPEL B

KIWI K

APFEL B

WEINREBE K

QUITTE B

GRANATAPFEL S

ERDBEERBAUM B

KAKIPFLAUME B

OLIVE B

SCHLEHE S

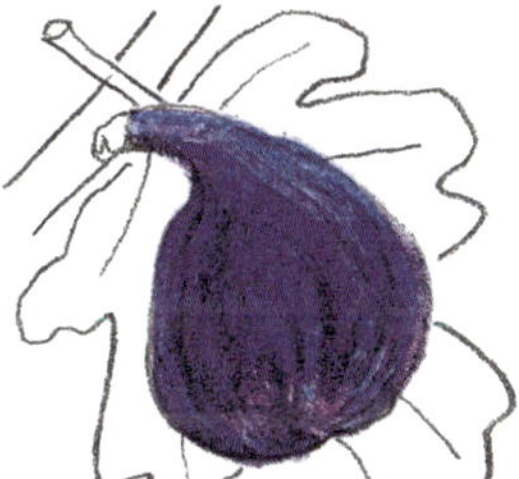

FEIGE B

Blätter in Rot
& Purpur

Blattfarben kurz erklärt:

- Grün ist die Farbe des Chlorophylls: Dieses Pigment ermöglicht es Pflanzen, sich von Licht und CO_2 zu „ernähren"
- Sommergrüne Gehölze werfen im Herbst ihr Laub ab, sonst würde es erfrieren
- Je mehr Chlorophyll im Herbst abgebaut wird, desto stärker treten die vorhandenen gelben bis orangeroten Pigmente hervor. Diese Carotinoide verleihen auch der Mohrrübe, der Osterglocke und dem Eigelb ihre Farbe – und dem Kanarienvogel!
- Für die roten und purpurnen Farbtöne sind Anthocyane verantwortlich

Nach dem herbstlichen Farbenrausch vertrocknen die Blätter und segeln zu Boden; dort zerfallen sie allmählich und führen dem Erdreich ihre Nährstoffe zu. Alles in allem hervorragend ausgedacht!

WEINREBE K

SCHEINREBE K

JUNGFERNREBE K

GEMEINER SCHNEEBALL S

ROT-EICHE B

AMBERBAUM B

ROTER HARTRIEGEL S

EISENHOLZBAUM B

PERÜCKENSTRAUCH S

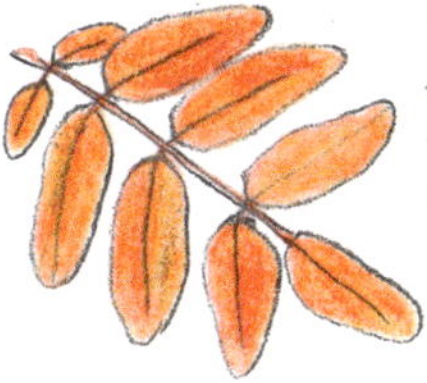

TERPENTIN-PISTAZIE S

MAHONIE S

FELSENBIRNE B

KORKSPINDEL S

THUNBERGS BERBERITZE S

JAPANISCHE AZALEE S

Blätter in Orange

Eingeschnittene Blätter:

- am Berg-Ahorn, oft infolge einer Pilzinfektion mit schwarzen Blattflecken
- am Zucker-Ahorn, dem wir den leckeren Ahornsirup verdanken
- am Felsen-Ahorn mit seinen Mini-Blättern

Eiförmige Blätter:

- an der Zaubernuss, deren Blattauszüge bei Venen- und Hautproblemen helfen
- spitz zulaufend an der Sauer-Kirsche, mit gesägt-gelapptem Blattrand an der Elsbeere
- an der Aprikose plötzlich zugespitzt
- an Kräuselmyrte und Kakipflaume

Gefiederte Blätter, die eine letzte Show-Einlage geben, bevor sie die Bühne den Steinfrüchten, Kapseln und Beerenrispen überlassen:

- an Blasenesche und Essigbaum
- an der Vogelbeere, Winterschmuck am Waldrand

BERG-AHORN B

ZUCKER-AHORN B

FELSEN-AHORN B

ZAUBERNUSS S

KIRSCHE B

KAKIPFLAUME B

ELSBEERE B

KRÄUSELMYRTE S

APRIKOSE B

BLASENESCHE B

ESSIGBAUM S

VOGELBEERE B

Blätter in Gelb

Eingeschnittene Blätter:

- an den Ahornen, wie könnte es anders sein: riesige Blätter am Spitz-Ahorn, kleine am Feld-Ahorn
- unverwechselbar am Tulpenbaum und am Ginkgo, der im Französischen auch „Tausendguldenbaum" genannt wird

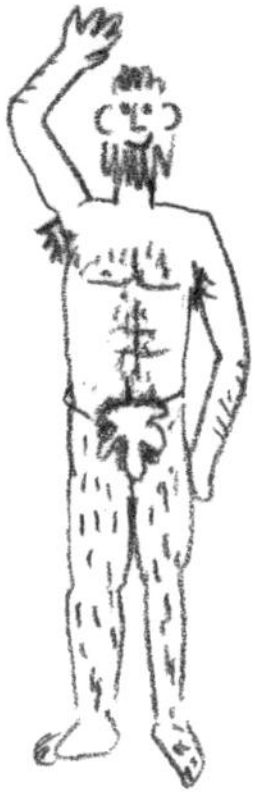

Weitere einfache Blattformen:

- quasi dreieckig an Birke und Pappel, die im Herbst ein goldenes Feuerwerk abbrennen
- herzförmig an der Linde, breit am Haselstrauch, mandelförmig und behaart an der Buche. Im Gegensatz zum glatten Blattrand der Buche ist der Blattrand der Hainbuche gesägt – und das sogar doppelt!
- lanzettlich (= länglich) beim Granatapfel

Gefiederte Blätter:

- teils filzig behaart das Laub der Esche, insektizid die Blätter am Zedrachbaum

- mit ovalen Fiedern
  die Walnuss: groß & spitz
  der Schnurbaum: klein & spitz
  die Robinie: klein & gerundet

SPITZ-AHORN B

TULPENBAUM B

FELD-AHORN B

PAPPEL B

GINKGO B

BIRKE B

HASELSTRAUCH S

LINDE B

BUCHE B

GRANATAPFEL S

WALNUSS B

ESCHE B

ROBINIE B

ZEDRACHBAUM B

SCHNURBAUM B

DIESE PFLANZE WILL ICH AUCH!

PFLANZEN SIND VIEL KREATIVER ALS WIR MENSCHEN, WAS IHRE FORTPFLANZUNG ANGEHT. ABER DU KANNST IHNEN HELFEN!

ACHTUNG! SEXUELLE FORTPFLANZUNG!
LASS WIND UND INSEKTEN IHRE ARBEIT TUN. DANN SUCHST DU SAMEN UND STECKST SIE IN ERDE. ODER DU SUCHST AN EINEM REGENTAG JUNGE PFLÄNZCHEN.
IN KLEINER SÄMLING
MEIN FINDELKIND
WIEBELN
D KNOLLEN
ACHSEN IN
ERDE ZU
NEUEN
PFLANZEN
HERAN.
AUSLÄUFER BILDEN BEI BODENKONTAKT WURZELN. DANN KANNST DU SIE VON DER MUTTER-PFLANZE TRENNEN.
AN DER NABELSCHNUR

	JAHRESZEIT					
	W	F	S	H		Seite
Abelie				✿	*Abelia*	121
Ackerwinde			✿		*Convolvulus arvensis*	87
Adlerfarn		◆			*Pteridium aquilinum*	71
Affodill, Weißer		✿			*Asphodelus*	67
Ahorn, Berg-			●	◆	*Acer pseudoplatanus*	103, 131
Ahorn, Eschen-			●		*Acer negundo*	103
Ahorn, Fächer-			◆		*Acer palmatum*	107
Ahorn, Feld-			●	◆	*Acer campestre*	103, 133
Ahorn, Felsen-			●	◆	*Acer monspessulanum*	103, 131
Ahorn, Roter Spitz-			◆		*Acer platanus*	107
Ahorn, Spitz-			●	◆	*Acer platanoides*	103, 133
Ahorn, Zucker-				◆	*Acer saccharum*	131
Akazie, Silber-	✿				*Acacia dealbata*	15
Akazie, Wasser-			✿ ◆		*Acacia retinodes*	97
Akebia		✿			*Akebia quinata*	43
Akelei		✿			*Aquilegia vulgaris*	43
Alpenveilchen	✿				*Cyclamen*	13
Amberbaum	●			◆	*Liquidambar styraciflua*	27, 129
Ampfer			●		*Rumex*	101
Andenbeere	●				*Physalis peruviana*	27
Anemone, Herbst-				✿	*Anemone x hybrida*	121
Apfel		✿		●	*Malus domestica*	63, 127
Apfel, Zier-		●			*Malus baccata oder floribunda*	21
Aprikose		✿	●	◆	*Prunus armeniaca*	63, 105, 131
Araukarie	◆	●			*Araucaria araucana*	31
Aronstab				●	*Arum*	123
Artischocke		✿			*Cynara scolymus*	45
Aster				✿	*Aster*	115
Aukube	●				*Aucuba japonica*	21
Azalee		✿			*Rhododendron*	49
Azalee, Japanische				◆	*Rhododendron molle*	129
Bärenklau, Wiesen-		✿			*Heracleum sphondylium*	69
Bartblume				✿	*Caryopteris x clandonensis*	125
Bartfaden				✿	*Penstemon*	115

	JAHRESZEIT					
	W	F	S	H		Seite
Baumheide		✿			*Erica arborea*	61
Becherkätzchen	✿				*Garrya elliptica*	18
Begonie		✿			*Begonia*	47
Belladonnenlilie				✿	*Amaryllis bella-donna*	117
Berberitze	●				*Berberis*	21
Berberitze, Thunbergs				◆	*Berberis thunbergii*	129
Bergenie		✿			*Bergenia*	51
Bergtabak			✿		*Nicotiana sylvestris*	99
Birke	□ ✿				*Betula*	18, 33, 133
Birne		✿		●	*Pyrus communis*	63, 127
Bitterkraut, Natternkopf-		✿			*Picris echioides*	59
Blasenesche	●		✿	◆	*Koelreuteria paniculata*	27, 95, 131
Blasenstrauch, Gelber			●		*Colutea arborescens*	101
Blauglockenbaum	●	✿			*Paulownia tomentosa*	27, 43
Blaukissen		✿			*Aubrieta deltoidea*	41
Blauregen		✿	●		*Wisteria*	43, 101
Blaustern	✿				*Scilla*	11
Bleiwurz, Chinesische				✿	*Ceratostigma plumbaginoides*	125
Bleiwurz, Kap-			✿		*Plumbago auriculata*	79
Blumenrohr			✿		*Canna indica*	91
Blumenrohr, Rotlaubiges			◆		*Canna indica* 'Purpurea'	107
Bocksbart, Wiesen-		✿			*Tragopogon pratensis*	59
Borretsch			✿		*Borago officinalis*	79
Bougainvillea			✿		*Bougainvillea*	85
Brandkraut	✿ ◆				*Phlomis russeliana*	27, 97
Brombeere			●		*Rubus fruticosus*	105
Buche				● ◆	*Fagus sylvatica*	125, 133
Buche, Blut-			◆		*F. sylvatica* 'Purpurea'	107
Buchs	◆				*Buxus*	29
Bulbine		✿			*Bulbine frutescens*	53
Buntnessel			◆		*Plectranthus scutellarioides*	107
Buschwindröschen		✿			*Anemone nemorosa*	67

	W	F	S	H		Seite
Mauritius, Blaue				✿	*Convolvulus sabatius subsp. mauritanicus*	125
Mäusedorn	●				*Ruscus aculeatus*	21
Mäuseohr		✿			*Hieracium pilosella*	59
Mispel				●	*Mespilus germanica*	127
Mistel	○				*Viscum album*	23
Mittagsblume			✿		*Delosperma*	51, 87
Mittagsgold		✿			*Gazania*	55
Mohn, Klatsch-		✿			*Papaver rhoeas*	53
Möhre, Wilde		✿			*Daucus carota*	69
Mönchspfeffer			◆ ✿		*Vitex agnus-castus*	83
Montbretie			✿		*Crocosmia*	91
Mutterkraut		✿			*Tanacetum parthenium*	55
Nachtkerze, Gemeine			✿		*Oenothera biennis*	95
Nachtkerze, Rosa				✿	*Oenothera speciosa*	117
Nachtschatten, Bittersüßer				●	*Solanum dulcamara*	123
Narzisse	✿				*Narcissus*	15
Natternkopf			✿		*Echium vulgare*	79
Nelke		✿			*Dianthus*	51
Nelkenwurz, Rote			✿		*Geum coccineum*	93
Nieswurz, Stinkende	✿				*Hellorus foetidus*	18
Nordmanntanne	● ◆				*Abies nordmanniana*	31
Oleander	◆				*Nerium oleander*	29, 35, 85
Olive	◆				*Olea europaea*	29, 127
Orangenbaum	●	✿			*Citrus x sinensis*	25
Orangenblume		✿			*Choisya ternata*	29, 65
Pampelmusenbaum	●	✿			*Citrus x paradisi*	25
Pappel	✿ □			◆	*Populus*	18, 33, 133
Paradiesvogelblume			✿		*Strelitzia reginae*	93
Paradiesvogelstrauch			✿		*Caesalpinia gilliesii*	95
Passionsblume, Blaue			✿		*Passiflora caerulea*	79
Perlschweif	✿				*Stachyurus*	18
Perowskie			✿ ◆		*Perovskia atriplicifolia*	83
Perückenstrauch		✿	◆		*Cotinus coggygria*	49, 107, 129

	W	F	S	H		Seite
Pfaffenhütchen	●				*Euonymus europaeus*	23
Pfeifenstrauch		✿			*Philadelphus coronarius*	61
Pfingstrose		✿			*Paeonia*	51
Pfirsich		✿	●		*Prunus persica*	63, 105
Pflaume			●		*Prunus domestica*	63, 105
Pflaume, Blut-			◆		*Prunus cerasifera 'Nigra'*	107
Phlox				✿	*Phlox*	115
Pistazie, Terpentin-				◆	*Pistacia terebinthus*	129
Platane	●	■			*Platanus x hispanica*	27, 33
Prachtkerze				✿	*Oenothera lindheimeri*	121
Primel, Kissen-	✿				*Primula vulgaris*	15
Prunkwinde			✿		*Ipomoea indica*	79
Purpur-Basilikum			◆		*Ocimum basilicum*	107
Purpurglöckchen			✿ ◆		*Heuchera*	91, 107
Quitte		✿		●	*Cydonia oblonga*	63, 127
Quitte, Zier-	✿				*Chaenomeles japonica*	13
Ranunkelstrauch		✿			*Kerria japonica*	57
Raue Stechwinde				●	*Smilax aspera*	123
Rauke, Wilde		✿			*Eruca vesicaria*	67
Rhododendron		✿			*Rhododendron*	49
Ringelblume		✿			*Calendula officinalis*	53
Rippenfarn		◆			*Blechnum spicant*	71
Rittersporn		✿			*Delphinium*	41
Rizinus			●		*Ricinus communis*	101
Robinie	●	✿			*Robinia pseudoacacia*	27, 61, 133
Rose	●	✿			*Rosa*	21, 35, 53
Rose, Gelbe Banks-		✿			*Rosa banksiae*	57
Roseneibisch, Echter			✿		*Hibiscus syriacus*	81
Rosmarin	✿				*Rosmarinus officinalis*	11
Rosskastanie		✿			*Aesculus hippocastanum*	61, 125
Roter Glücksklee			◆		*Oxalis triangularis*	107
Säckelblume		✿			*Ceanothus*	41
Salbei, Echter		✿			*Salvia officinalis*	43
Salbei, Johannisbeer-		✿			*Salvia microphylla*	53
Salbei, Pfeffer-				✿	*Salvia uliginosa*	125

Danke an meine Familie

An Oma & Opa für die tollen Ferien in der Natur.
An Mama & Papa – logo!
Ans Schwesterchen und meine Brüder.

Danke an meine Gang

An die Spezialisten fürs Grünzeug:
Allen voran Romain, dazu Jeff & Alice, Cris & Miguel und die Tropenhaus-Truppe.
An meine Mit-Zeichnerinnen: Louise, Anaïs & Lucie.
Und an Justin, Étienne, & Clèm, Astrid, die ganzen Céciles, meine Mini-WG, Jidé & ihre zwei Zwerge.

Danke an Ulmer

An Lila & Guillaume: immer positiv, immer mit gutem Rat dabei.

Anmerkung zur Schreibweise (Gendering): Gendergerechtigkeit und Inklusion sind bei uns gelebte Praxis – bei der Auswahl unserer Themen, bei der Recherchearbeit, in der Gestaltung. Unsere Texte meinen alle. Damit unsere Inhalte jedoch gut lesbar bleiben, verzichten wir in diesem Werk auf die jeweilige Mehrfachnennung oder Anpassung der Schreibweise bestimmter Bezeichnungen an die weibliche, männliche oder diverse Form.

Bibliografische Information der Deutschen Nationalbibliothek Die Deutsche Nationalbibliothek verzeichnet diese Publikation in der Deutschen Nationalbibliografie; detaillierte bibliografische Daten sind im Internet über http://dnb.d-nb.de abrufbar.

Die französische Originalausgabe erschien 2021 unter dem Titel Marine Cressy, Mini-Flore du jardinier promeneur – Mettez un nom sur les plantes qui vous entourent

www.editions-ulmer.fr

Wollgrasweg 41,
70599 Stuttgart (Hohenheim)

E-Mail: info@ulmer.de

Internet: www.ulmer.de

Projektleitung: Doris Kowalzik

Übersetzung: Claudia Arlinghaus

Herstellung: Silke Reuter

Satz: www.redsign.de, Stuttgart

Reproduktion: time:ray, Jettingen

Druck und Bindung: Printer, Trento

Printed in Italy

ISBN 978-3-8186-1955-8

MIX
Papier | Fördert gute Waldnutzung
FSC® C015829
FSC www.fsc.org